面对工作，负起责任，让自己用心，使企业放心！

**责任是一种坚持，放心是一种承诺！**

# 我的岗位我负责 我的工作请放心

我的岗位我负责，尽职尽责让岗位完美无缺；
我的工作请放心，尽心尽力使工作尽善尽美。


李学章　吴高亮　张建林◎著


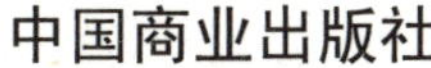


中国商业出版社

**图书在版编目(CIP)数据**

我的岗位我负责 我的工作请放心/李学章，吴高亮，张建林著.
—北京 ：中国商业出版社，2013.4

ISBN 978-7-5044-8067-5

Ⅰ.①我… Ⅱ.①李…②吴… ③张… Ⅲ.①职业道德—通俗读物
Ⅳ.①B822.9—49

中国版本图书馆 CIP 数据核字(2013)第 063782 号

责任编辑:刘毕林

中国商业出版社出版发行
010—63180647 www.c - cbook.com
(100053 北京广安门内报国寺 1 号)
新华书店总店北京发行所经销
北京市德美印刷厂印刷
*
710×1000 毫米 16 开 14.25 印张 208 千字
2014 年 2 月第 1 版 2014 年 2 月第 1 次印刷
定价:32.00 元
* * * *
(如有印装质量问题可更换)

# 前言

在科技与经济飞速发展的今天，行业与行业、企业与企业、员工与员工之间的竞争日益激烈，而任何一家想在竞争中获胜的企业都必须使每个员工爱岗负责。同时，在现如今的职场中，一个员工能否做到出色地工作，能否有一番大的作为，关键取决于他是否对自己的工作岗位负责。

现代管理之父彼得·德鲁克曾经说过："世上没有做不好的工作，只有缺乏负责的人。"可见，责任的重要性。责任，是一个人，一个企业，一个国家到整个人类文明的基石！它是为人处世之本，是生存发展之基，是每个人与生俱来的使命，伴随我们生命的始终。如果一个员工缺失责任，一定是一个碌碌无为的员工；如果一个企业缺失责任，一定是一个注定失败的企业！

英国首相丘吉尔曾说："伟大的代价就是责任。"这句话告诉我们，只有付出"责任"的代价，才能取得事业上的成功。一份工作就是一份责任，在其位必定有其职责，有职责必定有责任，这是显而易见的道理。

无论是你选择了岗位，还是岗位选择了你，这都意味着你有了自己的责任，意味着你有了自己的追求和使命。伟大出自于平凡，马丁·路德·金曾经说："哪怕你是一个注定要扫大街的清洁工，你也要对自己的工作全力以赴，就如同米开朗基罗作画、贝多芬作曲、莎士比亚创作戏剧那样投入工作，倾注全力做出来的成就会让每个人对你驻足称赞，夸你是一个杰出的清洁工。"

平凡的岗位是我们展示的舞台，大家就是这个舞台的主人。在自己的岗位上默默耕耘，不但会丰富我们的社会阅历，教会我们担当责任的义务，还会让我们深深体验到责任心在工作岗位上所占的分量。肩负起岗位的责任、做好本职工作对我们的人生是何其的重要，因为它可以使我们更加优秀和卓越！

事实上,对工作岗位负责,说起来简单,实则不易。它是一名员工对自身所负使命的忠诚和倡导,及其对工作出色地完成和忘我的坚守。

“我的岗位我负责,我的工作请放心”并不是一句简单的口号,更不是一句警世名言。这是我们每个在企业中工作的员工发出的铮铮誓言。也许,我们的岗位在别人看来一点都不重要;也许,我们根本没有完成多少任务的要求,更谈不上争取奖金和报酬。但是,我们必须要告诉自己:“我的岗位也很重要。”

“我的岗位我负责”体现的是我们对工作责任的承诺,对人生价值的追求和对职业道德的信守。“我的岗位我负责”,不因小利忘大义,不因疏忽酿大祸,不因侥幸铸大错。只有肩负起责任,才能做到“我的工作请放心”。敬重自己的工作,忠于职守,集体的力量不可估量,我们都是大海里的一滴水,让我们携手为企业的发展贡献出光和热。

《我的岗位我负责　我的工作请放心》仔细剖析了责任感对于个人与企业的重大影响,并结合身边职场案例详尽地阐述了“负责”这一态度在岗位上所起的积极作用。

本书具有深厚的人文关怀精神和很强的可读性与操作性,对于在工作岗位上奋斗的人们具有很好的指导作用,是一本提升员工责任意识的指导手册,是一本打造岗位楷模的职场读物,是一本迈向成功大道的必读之书!

朋友,“我的岗位我负责,我的工作请放心”!今天,你负责了吗?老板放心了吗?

# 目录
Contents

## 第一章 坚守责任理念，责任是至高无上的职业精神

在这个社会上，每个人都扮演着自己的角色，承担着自己的责任，这是无法逃避、与生俱来的。美国著名总统林肯曾说："每个人应该有这样的信心——人所能负的责任，我必能负；人所不能负的责任，我亦能负。"责任是至高无上的职业精神，一个勇于负责的人更容易取得事业上的成功。如果我们想让自己的生命更有价值的话，就应秉持"没有不该承担的责任，只有不愿意承担的责任"的理念，承担起自己应承担的责任。坚守责任，实际上就是坚守人生。



## 第二章 摆正工作心态，对工作负责才是对自己负责

工作占据了我们生命中的大部分时间，影响着我们的一生。假如我们在工作岗位上得不到尊重，享受不到快乐，那么我们的人生将会暗淡无光。其实，我们不是在为老板打工，而是在为自己工作。因为工作不仅让我们获得薪水，更重要的是，它还教给我们经验和知识。通过工作，我们能够提升自己，从而使自己变得更有价值。因此，我们要摆正自己的工作心态，对工作负责就是对自己负责。

## 第三章 负起岗位责任,我的岗位就是我的责任

工作岗位,是一个人赖以生存和发展的基础保障,而企业的发展,则是靠每一位员工的行动来发展的。每一个岗位就是一份责任,在其岗就要负其责,我们只有负起岗位责任,心中时刻装着岗位和责任,才能不负重托,不辱使命。现实中一个个鲜活的实例告诉我们,只有坚持了"我的岗位就是我的责任"这一重要原则,以承担岗位责任作为自己的职场准则,才能化被动为主动,更好地掌握自己的命运,拓展自己的职场前途。



## 第四章 绝不推卸责任,任何理由都不是推卸责任的借口

优秀的员工都是具有高度责任感与使命感的员工。他们面对困难坚持不懈,面对成功依然冷静,面对绝境毫不放弃。他们绝不推卸责任,反而还会自觉地去承担责任,正是他们推动了企业的发展与进步。借口是一个敷衍别人、原谅自己的"挡箭牌",任何理由都不是推卸责任的借口。因此,一个优秀的员工,他的能力都通过尽职尽责的工作来完美展现。反之,一个只会推卸责任,凡事找借口的员工,即使工作一辈子也不会有出色的业绩。

## 第五章　全面落实责任,责任心有多强落实力就有多高

企业的发展和壮大需要每一位员工都坚守好自己的工作岗位,全面落实自己的责任。你的责任有多强,你的落实力就有多高。往往责任心强的员工都是公司的顶梁柱,只有每一位员工对自己的工作负责,企业在激烈的竞争中才会立于不败之地。所以,我们应该全面落实自己的责任,做好本职工作。唯有如此,我们才能将自己的能力发挥到极致,赢得一个精彩的人生!



## 第六章　处处体现责任,强烈的责任感才能让工作放心

生存在这个世界上,我们每一个人都有责任。有些责任是与生俱来的,有些责任是因为工作或朋友而产生的,这些责任是每个人推脱不掉的,因为责任无处不在。工作中处处体现责任,你的职位越高,权力越大,你肩负的责任就越重。不要害怕承担责任,要下决心,培养良好的责任感。只有具备了强烈的责任感,才能让你承担职业生涯中该负的责任,才能比别人做得更出色。

## 第七章 时刻牢记责任，勤耕“责任田”收获“放心果”

无论面对什么样的任务，都要时刻牢记自己的责任；无论在什么样的工作岗位上，都要对自己的工作负责，勤勤恳恳、认认真真地去耕种那块“责任田”。除此之外，别无选择。要知道，接受了任务就意味着做出了承诺，就意味着要“克服任何困难”去执行。职场中的每个人都要时刻牢记自己的责任，责任感就是执行力，不负责任就不会去执行。勤耕“责任田”才会收获“放心果”；相反，不耕“责任田”，收获的只能是“苦果”。



## 第八章 尽职尽责尽心尽力，把工作做到完美、放心

在工作中，不仅需要负责、用心和努力，更需要尽责、尽心和尽力。卓越的职场人士都必须尽责、尽心和尽力，三者相辅相成，才是尽职。尽责、尽心和尽力的员工都对完美有着一种永无止境的渴求，他们会竭尽全力把工作做到完美、放心。也只有怀抱着尽责、尽心和尽力的态度去工作的员工，他的职场之路才会越走越宽！

附 录

# 第一章
# 坚守责任理念，责任是至高无上的职业精神

在这个社会上，每个人都扮演着自己的角色，承担着自己的责任，这是无法逃避、与生俱来的。美国著名总统林肯曾说：“每个人应该有这样的信心——人所能负的责任，我必能负；人所不能负的责任，我亦能负。”责任是至高无上的职业精神，一个勇于负责的人更容易取得事业上的成功。如果我们想让自己的生命更有价值的话，就应秉持“没有不该承担的责任，只有不愿意承担的责任”的理念，承担起自己应承担的责任。坚守责任，实际上就是坚守人生。

# 1. 责任是至高无上的职业精神

责任是什么？责任关系到安危成败，关系到生死存亡……责任是至高无上的职业精神，倘若没有了责任，这世上的任何东西也都没有了保障。

正如蜜蜂的天职是采花造蜜，猫的天职是抓捕老鼠，蜘蛛的天职是张网捕虫，而狗的天职就是忠诚地服务主人一样。造物主似乎对每个物种都有了职责上的安排。人，作为万物的灵长、天地的精英，同样具有他与生俱来的职责和功能。人来到世上，并不是为了享受，而是为了完成自己的使命和安排。

我们从出生的第一天起，就拥有了作为社会和国家的一员应当拥有的权利，不需要什么前提条件。让我们无法忽视的是，权利因为责任而存在，在上天赋予我们权利的同时，也就赋予了我们相应的责任。只有我们在履行职责的前提条件下，才可以充分享受权利。

是的，责任是至高无上的职业精神。我们之所以每天看到的是社会秩序井然，人们有条不紊，按部就班，一片祥和，就像日升日落一样自然，全是因为这一切都建立在每个人都坚守自己职责之上，都是因为每一个人都尽职尽责地站好了自己的那一班岗。很难想象，如果缺失了责任这种至高无上的职业精神，我们这个社会又会变成什么样？

一天，哈尔滨市203路公交车司机何国强在行车途中突发脑溢血，他的眼前一片眩晕，而此时，车正行驶在繁华的闹市区，且正值上下班高峰。就在那一刹那，他在生命的最后时刻以顽强的毅力做了三个动作：一是把公交车缓缓地停在路边；二是用最后的力气拉下手动刹车并将发动机熄火；三是把应急灯和车门打开，让乘客安全下车，以确保车辆、乘客和行人的安全。做完这三件事后，他安详地趴在方向盘上停止了呼吸。

这就是一位平凡的公交车司机用生命对“责任”所作的诠释。

自然万物都有自己的责任，花有果的责任，云有雨的责任，太阳有光明的责任，而我们每个人，也都应当担负起各自的责任。

责任让人坚强，责任让人勇敢，责任也让人知道关怀和理解。无论你所做的是什么样的工作，只要你能认真、勇敢地担负起责任，你所做的就是有价值的，你就会获得尊重和敬意。

相反，漠视责任，忽视责任，玩忽职守，缺乏责任感，不仅会给别人、企业和社会带来危害，还会给自己带来不可挽回的严重后果。

一个人无论职务大小、地位高低，不管从事什么工作，只有你在心中树立起“责任是至高无上的职业精神”的意识，你才会在自己的岗位上，安下心来，认真负责地完成自己的工作。

殷雪梅老师生前被同事和学生称为“阳光教师”，她那种“责任是至高无上的职业精神”的态度，感动着周围的所有人。

殷老师临近退休的时候，新一轮的小学新课程改革正好开始。新教改要求教师会使用多媒体技术教学，但对年纪大的教师不做要求。殷老师看到年轻教师用多媒体上课，在更直观、形象地讲解内容的同时，也增加了孩子对学习的兴趣，于是主动找到校长要求学习。此后的日日夜夜里，在电脑房、多媒体教室，总能看到殷老师勤奋学习的身影。

她一直像妈妈一样爱着自己的每一个学生。每天骑自行车上班的途中，遇到学生，她总要抱起一个放在后座上推着走。有个叫刘浩的学生，家里盖房子，没人给他送午饭，殷雪梅就把他接到自己家里，吃了一个多月，不收一分钱。学生郭超越的父母由于工作原因，常常顾不上孩子吃午饭，殷雪梅就把郭超越带回家同桌吃饭。

3月31日，在一辆狂奔而至的汽车面前，心中的那份神圣责任促使她奋不顾身地用身躯护住路过的学生，从“虎口”下夺回了六七位小朋友的生命，而她却被车撞飞25米远，最后光荣牺牲。

江苏省教育厅厅长王斌泰说：“殷雪梅老师最感人的，不仅仅在于她在那个瞬间用生命保护了学生，更在于她三十年如一日对学生无私的关爱。她对教师责任的坚守，是很多人都无法比拟的。”

殷雪梅的一生是平凡而伟大的一生。她的伟大不仅仅是在于她生前的英勇行为，更体现在平时的责任中，她很好地诠释了“责任是至高无上的职业精神”这句话。

因此，不管你在什么地方上班，也不管你从事什么样的工作，都不妨问问自己：“我是一个有责任感的人吗？我对自己的工作尽职尽责了吗？”然后看看自己正在做的工作和已做完的工作，想想自己在执行工作时是否总是在找借口？能不能自动自发、出色地完成工作？是否为了集体的利益而甘于牺牲自己的利益？在面对错误时，是否敢于担当起自己的责任？

在职场中，作为一名员工，认真做好本职工作，一切为企业的利益着想，一切为企业的发展着想。这就是我们的责任，对工作负责是每一位优秀员工必须具备的职业精神。

在平均海拔超过3000米的山丹马场，环境恶劣，冰雹雪灾是家常便饭，甚至还有频发的轻微地震。从自然条件上来说，实在不是一个环境优越的地方，但是就在这种地方，山丹人培育出来的山丹马，曾经荣获全军科技成果一等奖、国家科技进步一等奖。

王永军就是中牧集团总公司山丹马场的一场之长、国资委系统的劳动模范，长年工作在这个给人带来磨砺和豪情的地方。由于条件恶劣，山丹马场的牧马人大多都患有高血压、心脏病等高原病，很多人都因此坚持不住离开了。“我们不能走！”王永军坚定地说，“责任是至高无上的职业精神，山丹马场就是生态保护的最前沿，牧马人看护的不仅仅是马匹，还有草场，而草场就是最自然的生态保护者。”

“如果我们撤退了，谁来保护山丹马，谁来保护草原？保护草原是我们的职责所在，因为我们的根就在草原！”牧马人是草原最后一道防线，是一道永不移动的护篱。如果人在、马在、草场在，西面的黄沙就不能大肆入侵。这是牧马人天生的使命与责任。“过去，我们养马是为了守卫边疆，现在养马是守护生态。时代变了，但责任未改，我们至高无上的职业精神未改。”

在王永军的带领下，无论怎样艰苦，大家都没有放弃。

责任是我们行动的唯一原则，既然从事了一种职业，选择了一个岗位，就必须接受它的全部。就算是屈辱和责骂，也是工作的一部分，而不是只享受工作带来的益处和快乐。从这个角度看，责任既是一种必需的人生态度，也是一种至高无上的职业精神。

有人说，假如你非常热爱工作，那你的生活就是天堂；假如你非常讨厌工作，你的生活就是地狱。因为在你的生活当中，有大部分的时间是和工作联系在一起的。不是工作需要人，而是任何一个人都需要工作。你对工作的态度决定了你对人生的态度；你在工作中的表现决定了你在人生中的表现；你在工作中的成就决定了你在人生中的成就。所以，如果你不愿意拿自己的人生开玩笑，那就在工作中勇敢地担负起这种幸福的责任。

一个把责任当成至高无上的职业精神的员工，当面临挑战和困难时，他会迸发出比以往强大数倍的能力和勇气。因为他知道，很可能因为他的懦弱而会让企业承受巨大的损失，只有勇敢地面对，才有可能真正担当起责任，不使企业遭受损失。

责任是至高无上的职业精神，是一个人品格和能力的承载，是一个人走向成功必不可少的素养。承担责任既是一种崇高的职业道德，也是一种高尚的人格精神。所有成功的人，都是具有高度责任感的人。聪明、才智、学识和机缘等固然是促成一个人成功的因素，但如果缺乏了责任感，没有人可以取得成功。

## 2. 责任也是员工的第一行为准则

有一位伟人曾说："人生所有的履历都必须排在勇于负责的精神之后。"责任能够让一名员工具有最佳的精神状态，精力旺盛地投入工作；责任是最为关键的理念和价值观，同时也是员工的第一行为准则。

世界上很少有报酬丰厚却不需要承担任何责任的工作。其实我们每个人都应该有这样的心态，不管是从事何种工作、职业，只有将责任作为自己的第一行为准则，才能把工作做好。工作有难有易，要把工作做得尽善尽美、精益求精，离不开一个共同的因素，那就是具备强烈的责任心。缺乏责任心的人，任何事情都不能做好。有了责任心方能尽职，从自身做起，从小事做起，做到不因事大而难为，不因事小而不为，不因事多而忘为。只有我们在工作时把责任心放在心头，时刻提醒自己保持认真的工作态度和对自己负责的态度，脚踏实地地工作，才能把工作做好，才能得到同事和领导的认可。

这是一个由跨国公司员工组成的登山队，他们要对世界第一峰——珠穆朗玛峰发起冲击。虽然人类攀登珠峰已经不止一次了，但这是他们第一次攀登世界最高峰。队员们既激动又信心十足，他们决心征服珠穆朗玛峰。

经过考察后，他们选择在状态良好、天气也很好的一天出发了。

攀登一直很顺利，队员们彼此互相照应，没有出现什么问题，高原缺氧的情况也基本能够适应。在预定时间，他们到达了1号营地。大家都很高兴，因为有了一个良好的开始，就等于成功了一半。

第二天，天气突然发生了变化，风很大，还有雪。登山队长征求大家的意见，要不要回去，因为要确保大家的生命安全。生命只有一次，登山却还有机会。但是大家都建议继续攀登，登山本来就是对生命极限的一种挑战。

于是，登山队继续向上攀登。尽管环境很恶劣，但是队员征服自然，征服珠穆朗玛峰的信心却十足，大家小心翼翼地向上攀登。“队长，你看！”一个队员大喊，大家循声望去，在离他们很远的地方发生了雪崩。虽然很远，但雪崩的巨大冲击力波及了登山队，一名队员突然滑向另一边的山崖，还好，在快落下山崖的那一刻，他的冰锥紧紧地插进了雪层里，他没有滑落下去。但他随时有可能被雪崩的冲击力推下去。

形势严峻，如果其他队员来营救山崖边的队员，雪崩的冲击力有可能会将别的队员冲下山崖。如果不救，这名队员将在生死边缘徘徊。

队长说：“还是我来吧，我有经验，你们帮我。大家把冰锥都死死地插进雪层里，然后用绳子绑住我。”

“这很危险，队长。”队员们说。

“已经没有犹豫的时间了，快！”队长下了命令。大家迅速动起手来，队长系着绳子滑向悬崖边，他死死地拉住了抱住冰锥的队员，其他队员使劲把他俩往上拉。就在下一轮雪崩冲击到来之前，队长救出了这名队员。

全队沸腾了，经过了生死的考验，大家变得更坚强了。

最终，登山队征服了珠峰。站在山峰上，他们把队旗插在山峰的那一刻，也把他们的荣誉和责任留在了世界上最纯净的地方。

后来，队长说："当时我也非常恐惧，随时可能尸骨无还，但我知道，我有责任去救他，因为责任是我们的第一行为准则，这促使我必须这么做。"

管理学家认为，责任是员工的第一行为准则。在这份准则里，你首先表明的是你的工作态度——你要以高度的责任感对待你的工作，不敢懈怠你的工作，对于工作中出现的问题敢于承担。这是保证你的任务能够有效完成的基本条件。

责任是员工的第一行为准则，可以确保一名员工在竞争中生存。作为一名员工，只有依照这个准则，才能够存活。无论是我们的老板还是员工，大家都在依照这个准则行事。而且只要依照这个准则，谁都会变得不轻松，因为他们要时时刻刻承担自己的工作责任。也因为不轻松，这些能够担当责任的人才更值得去尊敬。

魏晓娥是海尔集团的一名员工。

2005 年 8 月，海尔集团派遣魏晓娥前往日本学习新兴的卫浴产品生产技术。在学习期间，魏晓娥注意到，日本技术人员在试模期的产品合格率一般都在 30%～60%，设备调试正常后，产品的合格率为 98%，废品率一般为 2%。

"为什么不把合格率提高到 100%呢?"魏晓娥问日本的技术人员。

"100%? 你觉得可能吗?"日本技术人员反问。

从日本技术人员的回答中，魏晓娥意识到，不是日本人能力不行，而是在思想认识上使他们的产品合格率停滞在了 98%。

魏晓娥通过学习发现完全可以做到产品的合格率达到100%。作为一个海尔人，海尔和魏晓娥的标准就是100%。在她的心目中，没有做不好的工作，只有不负责的人。

因此，魏晓娥回到海尔公司后变革了日本企业的一些流程，将主要精力放在抓卫浴分厂的模具质量上。无论任何时候，魏晓娥都从未放松过对模具质量的严格要求。一次，在试模时，魏晓娥在原料中发现了一根头发，这无疑是操作工人在工作时无意间落入的。然而，魏晓娥立即意识到，这一根头发万一混进原料中，就会出现废品。魏晓娥马上给操作工统一配备了新的工作帽，并要求大家统一剪短发。就这样，一个可能出现2%废品的因素被消灭在了萌芽之中。

就这样，在魏晓娥的一番努力下，100%这个被日本人认为是不可能的产品合格率，魏晓娥在海尔集团做到了。魏晓娥用自己的努力证明：只要把责任作为自己的第一行为准则，依照这个守则，就没有做不好的事情。

企业责任的起点，需要的是员工把责任作为第一行为准则，只有这样，才会担当起各自的责任。无论哪个行业，员工责任感的高低都是企业经营的一个晴雨表。

我们常常认为只要准时上班，按时下班，不迟到、不早退就是对工作负责了，其实这些都只是停留在工作的表面。把责任作为自己第一行为准则的员工从不等待、推诿，总是力争把工作做到最好，使自己的工作作为企业争取最大的收获。在工作中，如果我们能够像魏晓娥那样将责任作为自己的第一行为准则，那么，就一定能够成就一番事业。只要我们用心去做，完全可以做得更好！

把责任作为自己第一行为准则的员工总是能够承担更多更大的责任，他的价值也就随之越来越大。所以，如果你将责任作为自己的第一行为准则了，那么恭贺你，因为你不仅向自己证明了自身存在的价值，你还向社会证明了你的价值。

3.

## 承担多大责任，才能收获多大成功

你想收获多大成功，取决于你愿意承担多大责任。一个人能够承担多大的责任，就会有多大的舞台。

承担多大责任，才能收获多大成功。上帝是公平的，他总是把最大的奖赏赐予那些能尽职尽责的人。我们在工作中愿意承担更多的责任，做得多，学得也就多。事实上，只有那些尽职尽责工作的人，才能被赋予更多的使命，才更容易地走向成功。

如果一个员工放弃了对企业对工作的责任，也就放弃了在企业、在工作中获得更好发展与成长的机会。放弃责任，就是放弃成功；反之，承担责任，就是收获成功。

对待工作，我们只要心存尽职尽责的思想，就会勇敢地面对困难和压力，就会勇敢地站起来。每一个人都有可能对压力和困难产生畏惧，但重要的是面对压力和困难时，我们能够勇敢地担当起来，主动承担责任，能够承担多大的责任，就能收获多大的成功。

湖南省娄底市双峰县永丰供电所所长胡永钦是全国供电系统"农电优质服务先进人物"、国家电网公司的特级劳模。这是他主动做事情、揽责任换来的成就和荣誉。

胡永钦在1983年通过公开招聘进入蛇形山农电站当了一名农电工。当时，整个中国农电事业正处于初步发展阶段，人手少，资料、设施不齐，并且收电费一直都是手工开票，统计繁琐，工作量大，而且非常容易出错。管理手段落后是所有从事农电工作的人所要面对的现实。胡永钦决心以自己的能力来改变这个现实。为此，他买来很多有关电力知识的书籍，白天工作，晚上自学，并且琢磨着能不能开发应用软件，可以自动统计电费，还可以打印报表。

1988年，在经济非常窘困的情况下，他自费到长沙大学学习电子、电脑知识。20世纪90年代初，电脑还非常稀缺，懂电脑的人更是凤毛麟角，胡永钦又花掉了结婚时的礼金，举债4000元，购买了一台旧电脑，开始钻研。

经过长期的钻研，胡永钦的第一个成果“电量电费管理系统”开发成功了。这套软件方便而且不容易出错，规范了电费开票工作。随后，他又开发出“工资核算管理系统”“农电财务核算软件”，把财务人员从复杂的财务核算工作中解放出来。1999年，他又相继开发出“银电联网收费系统”和“供电所综合管理软件”。2000年，他又配合农村电网改造工程开发了“农网改造预(决)算软件”。2002年，胡永钦又研发出“配电运行远程监控系统”…… 在开发软件的那些日子里，胡永钦办公室的灯光成了夜行人的路灯，他连续半年每晚工作到凌晨一两点钟；家里拿来买房子的钱，他拿去买了电脑，置办了实验室；早就答应妻子结婚20周年纪念去拍婚纱照，到现在也还只是一句承诺；大年三十，别人是一家团圆，他却因为事故抢修让全家苦等。

在工作与家庭之间，胡永钦把重心倒向了工作；在用户与家人之间，他把绝大部分时间留给了用户。更多的责任意识换来的是更大的成功，胡永钦凭着这样的干劲为企业提升管理水平做出了重要贡献。

胡永钦的做法是对工作职责勇敢担当；是对工作环境积极适应；是对公司忠诚的一种体现；也是对自己所负使命的忠诚和信守。一个尽职尽责的人，一个勇于承担责任的人，会因为这份承担而让生命更有分量。

在工作中，无论我们担任何种职务，做何种工作，都应当尽职尽责地去完成，这是工作法则，也是道德法则，更是社会法则。我们每个人都在工作中担当着不同的角色，从某种程度上说，对角色饰演的最大成功就是完成责任。

作为公司里的一名员工，我们应该把企业所提出的光辉前景、理想和目标当做自己的前景、目标来追求；把企业所描绘的蓝图当做自己的蓝图来描绘；把企业制定的计划、措施当做自己肩负的责任来实施；把企业制定的规章制度当作对自己的严格要求来遵守。虽然你只是一名普通的员工，你的工作可能只是点小事情，但公司的发展仍然离不开你的尽职尽责。因为只有每个人的工作都做好、做到位，公司的整个运营才能顺利进行。

只要我们细心观察就会发现，那些在工作中觉得事不关己，就高高挂起，不愿承担责任，总是推三阻四，一味埋怨环境，对这也不满意，对那也不感兴趣，不断寻找借口来为自己开脱的人最终都会成为职场的失败者。这些人即使工作一辈子都不会有出色的业绩。只有勇于承担责任的职工，才能不断成长，拥抱成功。

公元前490年，希腊和波斯在一个叫马拉松的平原上展开了一场惨烈的战斗，希腊军队勇敢地打败了前来侵略的敌人。

这时，将军命令士兵菲迪皮茨在最短的时间内将捷报送到雅典，以激励身陷困顿的同胞。菲迪皮茨接到命令后从马拉松平原飞速不停地跑到雅典，当他跑到雅典把胜利的消息带去的时候，自己却累死了。因为他在极短的时间内跑完了约40公里，人们为他们的英雄痛哭不已，人们赋予了他极高的荣誉。他所获得的荣誉就是他尽职尽责地完成了身为士兵的职责。

1896年在雅典举办的奥林匹克运动会上，希腊人用这个距离作为一个竞赛项目，用以纪念这位英雄士兵，同时也为了激励那些能够勇敢坚持完成任务的人。

今天的马拉松比赛，是田径运动竞赛中不设世界纪录，只公布最好成绩的一项比赛。因为人们认为，无论你是第几名到达终点的，只要完成了，你就是英雄。无论何时，那些能够坚持完成自己责任的人，其行为就会得到肯定，所获得的就是——荣誉。

承担多大责任，才能收获多大成功。对于我们来讲，责任的正面也许是压力重重，但是我们是否晓得责任的背后往往是机会多多。高度的责任感能充分唤起我们的工作热情。因此，无论我们在哪个岗位上，都要承担起属于自己的责任，认识到自身所处位置的重要性。只有我们在心中形成了责任感，才能自觉地意识到自己所担负的责任，继而产生积极、圆满的工作效果。

一位企业高管曾说："如果你能真正地钉好一枚纽扣，这应该比你缝制出一件粗制的衣服更有价值。"尽职尽责的行为是一种全心的付出；尽职尽责是一种挑战困境的勇气；尽职尽责也是战胜一切的决心。

周秦和嘉阳是同班同学，大学毕业后他们同时进入一家网络企业做程序设计师。

起初，两人的工作表现不分伯仲。半年之后，嘉阳给人留下了工作积极主动的好印象，而周秦却给人留下了推诿、逃避工作的坏印象。于是，上司总是把重要、难度大的工作交给嘉阳，而把一些无关紧要的任务扔给周秦。因此，嘉阳总是忙得不可开交，而周秦却经常优哉游哉。

"嘉阳啊，你真是笨蛋！每天累死累活，企业给你多少工资？你看我，每天轻轻松松，月底工资也不比你少！"周秦总是在背地里嘲笑嘉阳。

然而，半年后，嘉阳晋升为部门经理，而周秦却被炒鱿鱼了。

一个人成就的大小跟他的责任心是成正比的。优秀的员工正是因为拥有高度的责任心，敢于承担责任，为自己的决策和行为负责，才能使自己的能力不断提升，获得认可，进而赢得更多的资源和平台。对于他们来讲，负责并不是仅仅做完上司交代给他的工作，而是想方设法增加自己的知识，在企业需要的时候挺身而出。当一个人承担的责任足够大时，机遇与成功就会随之而来。

拿破仑曾经说过:“不想当将军的士兵不是好士兵。”同理,站在老板的角度看,不想承担责任的员工就不是好员工。企业需要的是那些勇于承担责任的员工,而不是想方设法推卸责任的员工。愿意承担更多、更大责任的员工,一定是在工作中努力追求完美,不断超越企业期望的卓越员工。

因此,我们应该经常扪心自问:“我能承担多大责任?”而不是因循守旧地重复毫无挑战性的工作。我们必须明白,只有承担更大的责任,才能有更多迎接新的挑战的机会,才能使自己不断地成长,才能收获更大的成功!

## 4. 把责任当成自己的追求和使命

责任,从本质上说,是一种与生俱来的使命。美国西点军校认为:“没有责任感的军官不是合格的军官,没有责任感的员工不是优秀的员工,没有责任感的公民不是好公民。”所以,在日常工作中,一个职员的内心要深怀责任感,这样才能使自己在工作中表现得更加出色。

曾经有一位名人这样形容责任,他说:“人生中只有一种追求,一种至高无上的追求——就是对责任的追求。”

的确,只有我们把责任当成自己的追求和使命,才能清醒地意识到自己的责任,并勇敢地扛起它。人可以不伟大,也可以清贫,但不可以没有责任。任何时候,我们都不能放弃自己的追求,放弃肩上的责任,扛起责任就是扛起了生命的信念。

古希腊的雕刻家菲迪亚斯,曾被委任雕刻一座雕像,当菲迪亚斯完成雕像后要求支付薪酬时，雅典市的会计官，以任何人都没看见他的工作过程为由，拒绝向他支付薪水。菲迪亚斯却反驳说：“你错了，上帝看见了！上帝在把这项工作委派给我的时候，就一直在旁边注视着我的灵魂！上帝知道我是如何一点一滴地完成这座雕像的。”

在每个人心中都有一个上帝，菲迪亚斯相信自己的努力上帝看见了，同时他还坚信自己雕刻的雕像是一件完美的作品。因为曾有人挑剔地说，他这件作品前面和后面一样完美，这哪是人力所能及的。不过，事实也证明了菲迪亚斯的伟大，这座雕像在2400年后的今天，仍然伫立在神殿的屋顶上，成为受人敬仰的艺术杰作。

在菲迪亚斯看来，雕刻雕像是神赋予他的伟大使命，他不仅出色地完成了这个使命，而且还把使命的意义向人们传达了出来。使命这个词来自于拉丁语，它的意思是呼唤。它触及了工作的实质——向你发出了呼唤，可以表达出你是谁，你想对世界说什么。

责任感能够激发出一个人内心的激情和热忱。一个人最大的动力，并不是来自于物质的诱惑，而是来自于精神上执著的追求。我们越忠于内心的责任和追求，就会越全力以赴去完成自己的任务和使命。

把责任当成自己的追求和使命的人，不但具有坚强的意志和埋头苦干的决心，还具备极强的解决意识，肯在自己的工作领域里刻苦钻研，尝试创新。他不是被动地等待着新任务的来临，而是积极主动地寻找解决目标。在他们眼中，每一次负责都是一次发展的机遇。他们不是被动地服从领导的指示，而是积极主动地去解决团队的遇到的问题，尽力做出一些有意义的贡献，并从中汲取再一次走向成功的力量。

他们是甘洛县乌斯大桥乡二坪村小学的一对夫妻教师；他们十九年如一日奋斗在高寒山区学校，尽心尽力，忠于职守，撑起了天梯学校，为彝家孩子传授文化知识，他们是李桂林和陆建芬夫妇。

二坪村交通闭塞，山高路险。从山脚到村里，单程就要走三个多小时。要从大渡河上过吊桥，走羊肠小道至岩脚，再爬山崖，攀木梯。因为条件艰苦，此前调来的教师都不能安心工作，学校也一度因为没有老师而停课，校园破旧不堪，失学儿童增多。李桂林第一次攀上二坪村看到当地贫穷落后的面貌和孩子们求知的眼神时，内心受到极大震动，情不自禁地流下了酸楚的泪水。在强烈的责任感的驱使下，他决心留在二坪村搞教育。

1991 年，在李桂林老师的辛勤工作下，学校也越来越红火，很多家长都主动将孩子送到学校。学生人数增加了，需要再开设一个班，但找不到老师。李桂林就动员自己的妻子陆建芬一同上山代课。

李桂林夫妇非常喜爱学生。二坪村缺医少药，他俩就从微薄的工资中拿出钱来，从县里买些治感冒、拉肚子的常用药品放在学校里，学生有个头疼脑热的，就送给学生服用。学生病在家里，李老师送药上门，还给学生补课。他们还买来理发工具替学生们义务理发。为了不让学生辍学，他们经常家访、动员家庭有困难的学生上学。他们的勤奋努力得到了全乡群众的认可，当地群众无比信任地说："把孩子交给他们，我们放心！"

19 年来，他们一直没有动摇，始终坚守在条件极为艰苦的山巅。为了彝家的孩子不再是文盲，将来能够走得更远，为了党的教育事业，他们克服一切困难，把为彝家孩子传授知识作为自己毕生的追求，全身心地扑在工作上。十九年来，他们夫妇共教了 189 名学生（其中 32 人还是条件较好的外村慕名而来的），学生的"三率"（入学率、巩固率、升学率）均名列全县同类学校前茅。

在最崎岖的山路上点燃知识的火把，在最寂寞的悬崖边拉起求知的小手，他们用十九年的清贫、坚守和操劳，化为精神的沃土，让希望发芽。

李桂林夫妇是听从内心“留下来”的强烈呼唤，在二坪村坚守了那样久。这是使命的召唤。他们看到了孩子们有书读的喜悦，分享了村民学习文化的成长，甚至点亮了那一方水土上人们改变命运的希望。这一切都源于他们对责任的追求，正是因为责任让他们更加坚定了继续奉献的决心。所以说，只有把责任当成我们的追求和使命，我们才会在工作中收获快乐和幸福。

每个人都拥有着自己的责任，扮演着不同的角色，甚至可以说，承担起自己的责任是生命的使命，是不可逃避的任务。

把责任作为自己的追求和使命，就能带给我们巨大的力量，让我们在成功时保持冷静，在困难面前永不言弃。所以，一个人，无论从事什么工作，只要心怀一种使命感，用负责任的态度去对待自己的工作的话，那么他一定能够成为一个优秀的人，一个受人尊重的人。

那么，我们在什么时候才能提高自己的责任感，真正地把责任当成我们的追求和使命呢？事实上，很多时候，人们的努力和坚持，不仅为了自己，也为了别人。

叶志平，是四川一个普通而平凡的中学校长。然而，他身上所具有的强烈使命感，使他赢得了人们的尊重。

2008年5月12日下午，四川汶川突然发生强烈地震，而叶志平所在中学却顽强地“存活”了下来，2300多名学生以及教职工全部安全撤离。这不得不说是一个奇迹！

创造这个奇迹的人，正是校长叶志平。他并非施展了什么魔法，而只是坚守住了自己的职责，把“以人为本，保护师生生命安全”作为校长的天职。

五年前，他刚一上任，就把改造学校危楼当做第一要务，千方百计地筹集资金，把教学楼逐一加固。更重要的是，每个学期他都要组织全校师生，进行一次紧急疏散演练。

演练时，每个班级的疏散路线都是划定好的，在每个班级内，前四排学生走教室前门、后四排学生走后门……对于演练，有些学生觉得好玩，有些老师觉得小题大做，可是叶志平不为所动地把演练坚持了下来。

当地震来临的时候，叶志平正在校外，在校的师生按照早就形成的紧急预案，2300 人仅仅用了 1 分 36 秒，便全部撤离险地，集合到空旷的操场上。当他驾车赶回来，看到 2300 名师生井然有序地站立在平时演练的固定位置时，他哭了，不是为自己的成功而流泪，而是为 2300 名师生毫发未损而喜泣！镇定下来之后，他逐一答复学生家长的紧急电话询问，向每一位家长报平安。这样的平安，对学生家长和教师亲属来说，是最大的喜讯。

叶志平校长的故事在感动我们的同时却又不得不让我们反省自己是否真的在工作和生活中明确了自己肩上责任的重要性？我们是否真的承担起了自己的责任呢？要知道，如果人人都能坚守住自己的使命，那么，无数人为原因造成的矿难、火灾、列车出轨、轮船翻沉等事故都可以避免，即使无法避免，至少可以把损失降到最低。但遗憾的是，直到现在事故依然在发生，生命依然在消逝，而这一切的罪魁祸首，就是缺乏责任感，没有把责任当成自己的追求和使命。

把责任当成自己的追求和使命，可以让我们变得更加坚强、勇敢，责任也让我们知道关怀和理解。因为当我们对别人负有责任的同时，别人也在为我们承担责任。

有的责任担当起来很难，有的却很容易，无论难还是易，不在于工作的类别，只在于做事的人。只要你想、你愿意，你就会做得很好。

把责任当成自己的追求和使命，就是对自己所负工作的忠诚和信守，就是出色地完成自己的工作，就是忘我的坚守，就是人性的升华。只有我们把责任当成自己的追求和使命，才会深刻感受到责任所带来的巨大力量。

5.

## 把责任根植于内心

在职场中，卓越是我们每一位员工的工作标准，不论工作薪酬如何，我们都要时刻高标准、严要求地约束自己，在工作中尽职尽责，力求将工作做到尽善尽美。

事实上，那些在工作中卓有成效的人无不是用高度的责任心和近乎完美的标准来对待自己工作的。与其说是努力和天分造就了他们的成功，倒不如说是强烈的责任感促成了他们的成功。

爱因斯坦曾经说过："对一个人来说，所期望的不是别的，而仅仅是他能全力以赴献身于一种美好事业。"的确，每一个人无论其在社会中的角色地位怎样，都是在为身上所背负的责任而忙碌、奋斗。

人的行为是受意识支配的，而要让强烈的责任意识永久的存在于我们的脑海里，就必须将责任植根于内心。一旦责任深深地植根于我们的内心之后，我们便会不断地产生责任意识，然后这种责任意识就会自然地化为一种动力、诚信，一种无私奉献。

把责任植根于内心的员工有着高度的责任心，也只有具备了高度的责任心，才能有激情、有忠诚、有成就一切事业的可能。一个具备高度责任心的人，一定会认真思考，勤奋工作，细致踏实，实事求是；一个具备高度责任心的人，做每一件事都会坚持到底，按时、按质、按量完成任务，圆满解决问题；一个具备高度责任心的人，一定能主动处理好分内与分外的相关工作，有人监视与无人监督都能主动承担责任。

47 岁的侯仕光，20 年的塔吊工龄，每年冬夏两季最难熬的时间在高空驾驶舱内度过。创造了 48 万平方米塔吊施工零事故，设备利用率 98%，完好率 100%。之所以会有如此辉煌的业绩，都是因为他将责任深深地植根于内心的缘故。

二十多年与塔吊一起工作，侯仕光总结出判断塔吊故障的“侯氏五步工作法”——“望”、“闻”、“听”、“摸”、“试”。望，通过查看机械设备的运转动作、走车、起落等情景，进行故障判断；闻，通过对各种工作机构、控制设备、电源、电路等散发的气味，判断电气设备有无短路、过载等不良情况；听，通过对塔吊运转时各机械部件发出的声音，判断各部位紧固情况和安全装置的可靠性；试，用万用表、电表测试电路及元器件的工作状态，判断故障的根源。这套“绝活”，成了侯仕光的看家本领。

2003年“非典”时期，位于北三环中路城建大厦工地的塔吊突然发生故障。深夜接到求救电话的侯仕光第一时间赶到了工地，凭着高度的责任心和多年的塔吊维修经验，运用“五步法”中“听”字诀窍，他很快就找到了这台塔吊的“症结”所在。仅用了两个小时，更换了塔吊的轴承，确保了塔吊的正常运转，工程进度丝毫未受影响。

“侯仕光在我们城建集团可是个宝贝疙瘩，集团里每个工种只有一个名额可以享受到每月2000元的‘专家津贴’，在塔吊这一行，侯仕光是当之无愧的‘老大’。只要把塔吊交给他，领导放心，群众安心，因为他对工作非常负责，而且上塔的时间最长，技术最精。”城建四公司党委书记乔文章一说到自己麾下的这员大将就笑得合不拢嘴。

他像疼自己的孩子一样疼塔吊，多年来负责的塔吊，工作效率高，施工质量好。同时，精心的保养极大地延长了塔吊使用周期，为企业节省了大量经费。

对企业来说，要实现基业长青，提升竞争力，必须要让员工立足岗位，把责任植根于内心。“把责任植根于内心”强调的是每一位员工要想尽办法履行好自己的职责，关键时刻总能以身作则。

当然，把责任植根于内心并不是随口说说而已，也不是只停留在表面现象上。曾子曰："吾日三省吾身。"只有真正地履职尽责了，才能不辱使命，才能敢于问责，才能不断进步，才能在推动企业又好又快地发展中体现个人价值和生命意义。

如何才能将责任植根于内心，下面五点是我们必须要做到的：

1. 加强道德修养，提升自我品格

当"德"与"才"不能兼备，一定要对两者作出选择的时候，多数企业都会更看重"德"。在职场生活中，每一个人都会或多或少地遇到各种各样的困难和诱惑，只有良好的品德，才能顺利地走下去，走向成功。

2. 增强敬业精神，钻研专业知识

一名优秀的员工应该热爱自己的工作，根据岗位职责做好本职工作的同时，能干一行、钻一行、爱一行。我们只要能够扎扎实实地钻研，不断学习，向他人学习，充实自己，精通自己的行业，与时俱进，不断创新，才能一步步走向成功。

3. 培养积极心态，养成良好习惯

希尔说："心态决定一切。"只有具备了积极的心态，面对挫折总是相信方法比困难多，才能坚定信念，充满朝气，从而主动地投身工作中。培根说："行动多半取决于习惯。"只有养成良好工作习惯，才能冲破层层阻碍，成为优秀员工。成长路上，最需要的是准确定位。这种定位，除了内心的充实与愉悦，再无其他标准。

4. 要有责任心

不管做什么工作，不管在什么情况下，我们都要以责任为重，视责任为生命并落实到行动上，解决问题，克服困难，把工作做到极致。

5. 勤奋的付出

成长的道路有很多，但是能否坚持下去是对成功最大的考验，不管所处环境的优劣，从也曾浮躁过的境遇中突破迷茫，从甘于寂寞的平庸中改变现状，没有谁是随随便便就能成功的，纵然破茧成蝶的时刻是美妙的，但是没有一番勤奋的付出、默默的奉献和执著的追求，任何暂时的表面文章都是徒劳，要坚信没有付出，就没有收获。只要慢慢积累，生命总会有发出光芒的时刻。

责任是推动我们个人、团队和社会不断前进的原始动力。这就要求我们每个人都应找准自身角色，摆正自身位置，把责任植根于内心。

让我们把责任植根于内心，勇敢地担负起应尽的责任，把有限的生命投入到无限的事业中去吧！

# 第二章

# 摆正工作心态，对工作负责才是对自己负责

工作占据了我们生命中的大部分时间，影响着我们的一生。假如我们在工作岗位上得不到尊重，享受不到快乐，那么我们的人生将会暗淡无光。其实，我们不是在为老板打工，而是在为自己工作。因为工作不仅让我们获得薪水，更重要的是，它还教给我们经验和知识。通过工作，我们能够提升自己，从而使自己变得更有价值。因此，我们要摆正自己的工作心态，对工作负责就是对自己负责。

## 1.

## 一份工作就是一份责任

一项调查显示:43%的员工认为工作态度不好最容易被解雇。任何一个员工都不想让老板炒了自己的鱿鱼。但是在现实中,总有5%~10%的人会遭到解聘,伤心地离开公司。那么,是什么让他们失去了这份工作?是什么让公司对他们做出这种无情的决定?是绩效考核不达标?工作态度不端正?影响团队的建设?与公司文化不符?还是经常违反公司的纪律?

在他们接到公司要和他们解除劳动合同通知的时候,有没有考虑自己是否尽责了?所以,无论是从公司还是员工来看,懒惰、拖延等消极的工作态度都是不可取的,它们不仅会使工作平庸,有损于公司的利益,而且还会使员工遭到解雇。

一份工作就是一份责任。没有平凡的工作岗位,只有平庸的负责态度。世上没有可以藐视的工作,所有正当合法的工作都是值得尊重的。只要你诚实地劳动和创造,没有人能够贬低你的价值,关键在于你如何看待自己的工作。那些只知道要求高薪却不知道自己还应承担责任的人,无论对自己,还是对老板,都是没有价值的。

一位成功学专家曾经说过:"一个人应该永远同时从事两件工作:一件是目前所从事的工作;另一件则是真正想做的工作。如果你能将该做的工作做得和想做的工作一样认真负责,那么你一定会成功,因为你正在为未来做准备,正在学习一些足以超越目前职位甚至成为老板的技巧。"

著名企业家李嘉诚说:"不认真负责的人,是一定要当心的。假如一个年轻人不认真负责，我们使用他就会非常小心。你造一座大厦，如果地基不好，上面再牢固，也是要倒塌的。”

一份工作就是一份责任，有时候我们无法选择自己满意的工作，但是可以选择对待所做工作的态度。对于那些需要我们承担的工作中的责任，无论大小、难易，都是应该认真对待的。即使是那些看似不起眼的工作，我们也不能敷衍了事，而应该尽心尽力做好。

马龙在天津一家公交公司从事站员工作。在他刚接触站员工作时，对工作内容、业务流程等不熟悉，暂时在副站慢慢学习工作，为了尽快提高业务知识和业务水平，他总是利用业余时间到车队主站跟随其他站员学习发车，曾在车队从事业务队长的王惠英也抽出时间带领着马龙熟悉站员的运营调度、现场管理以及作业计划的编制。由于新老站员更替，车队内四名站员都是新站员，车队长为了尽快让他们熟悉站员工作，提升业务能力，要求他们四个人同时编制作业计划，进行对比后将最好的一份上交到运业部。马龙凭借着对工作的负责和肯钻研的韧劲，总能上交一份令车队满意的作业计划。

马龙在日常生活中话并不多，但是站员工作却要求他主动与职工联系，形成沟通网，便于车队各项工作的开展。他在克服了对人员、环境和岗位不熟悉的同时，先将自己的业务知识进行巩固，与车队领导经常沟通联系，慢慢摸索每名职工的脾气秉性，逐渐了解职工的心理动态和对待工作态度。经过一段时间的工作，马龙逐渐适应了站员的工作，也与职工之间建立了密切的联系，开车上班的马龙每次上班都要到头班车驾驶员的家中接人，即使家住很远的职工，马龙也要绕路去接。有人问马龙：“你每次绕道接他们，多费油啊。”“车队没有班车，上早班的驾驶员路上倒车很不方便，费点油没关系，千万不能耽误运营。”其他职工在提到马龙时都说：“别看他不爱说话，但是他对人热心肠，不论谁有困难，他都尽量帮助。”

有一次吃午饭时，一名司机很着急地和马龙说："我先出去一下，马上回来。"马龙应了一声，等到发车的时候，这名司机还没有回来，马龙赶紧打电话询问情况，原来这名司机接到电话得知母亲心脏病犯了，需要马上送往医院进行诊治，并试探着问马龙是否可以进行补圈，马龙一边调整人员和车辆，保证正常运营，一边和当班队长联系，得到应允后，马龙告诉那名职工车队已经允许他先将生病的母亲安顿好，再回到车队补圈，职工心里对车队和马龙充满了感激。

做站员工作时间并不长的马龙却是一位坚持原则的站员，对工作有一份强烈的责任感，对不合格的人和车坚决不发出站。在2008年夏天，下了一天的雨，车厢内地板全是泥，副站没有上下水，全部运营车辆都要到主站进行清洁，由于其中一名驾驶员公休，车未能及时进行清理，等到上班时，马龙发现这辆车清洁未做，为了保证出齐车，更为了确保车辆整洁干净，当即卷起裤腿和那名驾驶员到旁边单位用水桶提水刷车，直至干净才将车发出。

有一名驾驶员是单班日勤，每天中午休息时间充裕，可以回家休息，当他下午上班时，细心的马龙发现他的脸非常红，责任心很强的马龙赶紧走近前，扑鼻而来是一阵阵酒味，问道："中午是不是喝酒了？""现在是夏天，为了凉快一下，我只喝了一杯啤酒，不会影响运营的。"马龙仍然坚持不发车："为了乘客和你的安全着想，现在你要做的事情是马上回家休息，但落下的公里要及时补上。"这名职工听完后，脸上透露出些许不好意思，但心里却佩服马龙是一个坚持原则的好站员。

作为现场管理的站员，总能在站屋听到职工的牢骚和不满，有的是对新执行的规章制度不理解，有的是对生活的不满意，有的却是因为在工作中受到委屈……马龙每次遇到这种事情，总是让职工的情绪先稳定下来，然后再聆听他们的心声，让职工对着自己进行倾诉，发泄心中的牢骚或者是委屈，并在力所能及的情况下予以解决。有一名驾驶员在晚高峰回来后，进门冲着马龙发起牢骚："可气死我了。"马龙听完放下手里的工作，赶忙询问原因。原来，这名驾驶员行驶到中山路左拐河北三马路交口处时，左拐绿灯正常行驶，而对面行驶过来的小轿车直行闯红灯抢在公交车前面堵住道路，交通立即出现了拥堵状况，只见小轿车司机下车后二话没说指着驾驶员开口就骂，并让驾驶员将公交车门打开，扬言要教训他。这时车内几名好事的乘客撺掇驾驶员下车去和轿车司机理论，被他制止："我们是公交行业，是服务窗口，动粗解决不了任何问题。"转身告诉轿车司机："你违章在先，出言不逊在后，我并没有说任何过分、过激的话。"轿车司机听后顿觉无理，开车绕行离开了。回到车队与马龙提起此事仍满怀委屈，马龙知道事情原委后，先将司机的情绪稳定，将此事上报给当班队长，车队为了弘扬这名职工的服务态度和做法，决定在职工大会对驾驶员予以表扬。

车队长李伯钧这样评价马龙："马龙作为站员中的新生力量，他表现出'80后'对待工作的热情，在工作中他对工作有着强烈的责任心，为了保证车辆整洁干净，他总是利用停站时间到每辆车内检查卫生，卫生不合格的车辆坚决不发出站。站员工作非常辛苦，马龙却觉得虽然付出了很多，但换来了职工的理解，他感到非常的欣慰，也更加热爱站员工作，表示要在今后更加尽心尽力地为职工、为乘客服务。"

现代主义戏剧创始人易卜生说："青年时种下什么，老年时就收获什么。"由此我们想到的是，你在工作中种下什么，工作就会回报给你什么。如果你愿意承担发展的责任，那么你就会获得发展的权利；如果你把每一份责任都看成是提升自我能力的机会，那么你自然就能在工作中发现你想要的机会。如果你以积极的态度和全心全意的努力对待公司中的种种事务，那么你的事业和个人能力就会在长期工作中取得较大的进步。

一份工作就是一份责任。要实现和工作中的责任一起成长，你首先应该做到的是把从事的每份工作都看作是一个学习的机会。从本质上看，你今天所做的每份工作几乎都在不停地发展和变化着，因此，你不得不把正在从事的工作看成是学习锻炼的一次经历，不管你是否认为它是理想的工作，都必须喜欢它的全部；而且时刻还要对上司强调，你是多么热衷于学习新知识和技术，并且你学得很快。除了要不断学习外，要实现工作与责任一起成长，还需要做到以下几点：

1. 做好个人规划

要实现个人与职业的成长，你需要做好个人职业规划，明确自己的职业角色，以市场需求为导向，对职业发展进行合理定位。在职业定位时，首先要树立职业营销的概念。对于自己未来的计划，既要从自己的专业、兴趣和爱好出发，也要注意市场的需求。根据社会需求和自身能力，然后再结合意愿为自己的将来做一个设计。

2. 主动完成工作目标

主动是一个人出色工作的主要条件。所以，在发展中，我们应多多考虑自己的工作计划和工作目标，不要只是一味地等待上级的指示与命令，一旦完成任务便认为万事大吉，可以松一口气。这种被动任务驱动的思想如果在头脑中根深蒂固，就会使我们懒得思考，更懒得负责，将公司的战略计划等同于日常繁琐的工作，以致失去目标，觉得无所适从。主动完成工作目标，并且确立未来一段时间自己需要完成的工作项目，将工作项目分解到日常行为中，密切与公司之间的联系。

3. 多技傍身

现在是一个知识更新速度最快的时代，职场需要复合型人才。因此，我们应该通过努力使自己成为一个复合型人才。这不仅需要一定专业深度，同时还需求知识面广度。从个人的角度讲，我们不能单纯沉湎于过去狭隘的专业领域，而要广泛涉猎，继续接受教育，巩固自己的基础，增强适应能力。

当然，在提高自己能力的同时，要注意认清实际情况，要了解自己的优缺点，知道自己与众不同的地方在哪里。不要害怕自己不是“通才”、“凡事皆通”的人，会规划，又会管理、营销的天才毕竟是少数。从另一种角度来说，认清自己不是天才，是一件好事，因为接下来你就可以认真地培养自己的第一专长、第二专长，甚至第三专长，使自己的附加价值达到最高。

4. 向明天学习

我们一生中只有“三天”时间：昨天、今天和明天。如果过去你习惯于根据今天的情况决定明天干什么；现在你必须首先判断明天将要发生的变化，并由此决定今天干什么。从这个角度讲，你必须学会质疑自己长久以来的假设，学会在不确定的情况下了解自己，学会更好地调整工作。工作会在向明天的学习中变得充满未知的乐趣。

工作等于责任，一份工作就是一份责任，当我们从事这份工作时就应该担负起这份责任。故而，我们对待工作，就要强化工作责任感。不能仅仅满足于现有的知识及工作经验，在工作中要不断地充实和提高自己，虚心地向身边的同事学习，学习他们的宝贵经验并与新的知识相结合才能使自己永远立于不败之地。

## 2. 选择了工作就选择了责任

既然我们生存在这个世界上，那么，每个人都免不了身上所肩负的责任。有些责任是与生俱来的，可是有些责任却是因为工作而产生的，这些责任是我们不能推脱掉的。因此，可以这样说，选择了工作就选择了责任。

在《论语》中有这样一句话：“治国先齐家。”能为自己的小家承担起责任，使它成为最甜蜜的负担，那么企业这个大家呢？我们作为这个大家庭中的一分子，工作存在，责任就会存在。

在职场中，每一个人都有着其基本的工作职责和工作范围。生产部门最重要的是按质按量生产出合格的产品；研发部门就是要尽力设计出符合市场需求的好产品；营销部门就是要尽可能把产品销售给消费者，而不是放在仓库中；人力资源部门则是尽可能招聘到合格的人才，对他们进行有效的培训与组织。

既然你选择了这份工作，你就应该承担起这份责任。工作就意味着责任，责任意识会让我们表现得更加卓越，只要我们用积极的心态去面对责任，就能够在工作中尽职尽责地完成任务。

比利时有一出著名的基督受难舞台剧，演员辛齐格几年如一日地在剧中扮演受难的耶稣，他高超的演技和忘我的境界常常让观众觉得不是在看演出，而似乎真的看到了再生的耶稣。

一天，一对远道而来的夫妇在演出结束之后来到后台，他们想见见扮演耶稣的演员辛齐格，并与他合影留念。合完影后，丈夫回头看见了靠在边上的巨大的木头十字架，它正是辛齐格在舞台上背负的那个道具。

丈夫一时兴起，对一旁的妻子说：“你帮我照一张背负十字架的相片吧。”于是，他走过去想把十字架拿起来放到自己的背上去，但他用尽了全力，十字架仍纹丝未动，这时他才发现那个十字架根本不是道具，而是一个真正的、用橡木做成的沉重的十字架。

在用尽了全力之后，他不得不气喘吁吁地放弃了。他站起身，一边抹去额头上的汗水，一边对辛齐格说：“道具不是假的吗？你为什么要每天都扛着这么重的东西演出呢？”

辛齐格说：“我选择了这份工作就等于选择了这份责任！如果感觉不到十字架的重量，我就演不好这个角色。在舞台上扮演耶稣是我的职业，和道具没有关系。”

虽然十字架可以用道具来代替，但是辛齐格把自己的工作看成了不可推卸的责任，并用实际行动履行了工作赋予的责任。十字架如此沉重，却也代表了责任的重大，辛齐格将它扛在了肩上，同时也扛起了成功的人生。

有一位知名企业家曾经说过，责任是分内应做的事情，是应当承担的任务、完成的使命和应该做好的工作。责任是一种神圣的义务，是一种崇高的使命，充当什么样的角色，就要承担起对应的责任。

选择了工作就选择了责任。正是因为有了这份责任，我们才会以满腔的激情和深厚的感情投入工作；正是因为有了这份责任，我们才有勇气和信心面对工作中的困难和挫折；正是因为有了这份责任，我们才能以苦为乐，才会每天都有新的感动。

当你因为面对工作的难题而苦恼时，记住这是你的工作。你选择了它，就要有为它负责到底的准备，因为这是你的责任。

1979 年，尹桂成从上海第一医学院毕业后，到南通市卫生防疫站工作，成为一名“防疫战士”。白天，他骑着自行车，驮着沉重的消毒器械，跑工厂，下农村，哪里有疫情，哪里就有他的身影；静谧黑夜，孤灯只影伴着他刻苦钻研业务知识。同事们都说，尹桂成工作起来就像有一股使不完的劲。是啊！他正是凭着这股冲天的干劲，凭着永不懈怠的斗志和毅力，实践着自己“既然选择了防疫工作，就是选择了责任”的诺言。

相对于临床医生来讲，防疫医生的工作面更广，不可预见的因素更多，面临的危险更大，做好防疫工作，有时需要具有比临床医生更大的勇气。人们不会忘记，2003 年春天，非典疫情突然威胁人们的生命安全。尹桂成临危受命，被任命为非典疫情小组副组长。5 月 3 日凌晨，一个紧急电话把他召到单位，原来市区一家医院刚接诊了一个从上海回来的可疑发热病人。他立刻带领防疫人员赶到现场，与病人面对面开展流行病学调查，并采取果断措施切断了病毒传播通道。

晚上 8 点多，刚回到单位的尹桂成，又接到去石港进行流行性病毒调查的通知。尹桂成二话没说，穿上厚厚的防护服又出征了。来到现场，他带领防疫队员给病人测量体温，详细询问接触对象，确信没有疏漏后，才拖着疲惫的身躯回到单位召开碰头会，进一步研究“防非”事宜，直到东方破晓。在“抗非”最紧张的日子里，他连续几天通宵达旦地工作，彻夜不眠。

近30年来，尹桂成从一名赤脚医生成长为一名在全省卫生防疫系统具有较高知名度的专家；从一名办事员成长为一名领导；从一名普通群众成长为优秀共产党员、省劳动模范，但他的淳厚、他的好学、他的坚定、他的执著却从未改变。尽管他没有干出惊天动地的伟业，没有可歌可泣的壮举，但却在平凡的岗位上取得了不平凡的业绩。他说：“作为防疫战士，扑灭疫情就是我的责任，既然选择了这份责任，就要为它付出所有。”

实际生活中，很多人对于工作的看法就是只要过得去就行，一般怀有这样心态的人往往没有明白责任的意义。要知道选择了工作就选择了责任，身为公司的一员就要时刻对公司负责、对工作负责，也只有这样的员工才是企业需要的员工。

如果你只把工作当作一件差事，或者只把目光停留在工作本身，那么即使是从事最喜欢的工作，你依然无法持久地保持对工作的激情。我们的工作可能是平凡的、琐碎的、枯燥的、艰苦的。然而既然我们选择了这份工作，就是选择了辛苦，选择了责任。

黝黑的皮肤，凌乱的头发，大颗的汗珠，还有醒目的制服，这就是工作在大街上的环卫工人孔祥芬。她是一个彻头彻尾的工作狂，就像一颗永远上满了发条的指针，总是不愿停下来。马路、小巷，哪里脏、哪里臭，哪里就有她忙碌的身影。

在同事们的眼里，孔祥芬是个“不开窍”的人。不过，她的“不开窍”表现在名利上，工作起来她可绝不含糊。

2005年，江南区环卫事业试行承包管理机制，孔祥芬竞标拿下了淡村路。这条路，一直是历次卫生检查的“老大难”问题，人口居住集中，加上市政环卫设施不完善，街道极其脏乱。到了西瓜上市的季节，情况就更糟，每天的垃圾有十多车。面对这种情况，孔祥芬认真负责做好工作的同时，也苦思对策。在她的努力下，一年后，淡村路的卫生情况终于大为改变。

2006年12月的一天傍晚，孔祥芬为了打捞起深陷泥浆里的一根木头，在大家束手无策的时候，她索性一挽裤腿跳进水中，硬是把这根碗口粗的木头扛上了岸，但此时的她不仅冻得发抖，而且浑身酸臭。回家一进门，丈夫实在受不了她浑身的酸臭味，气得大骂：“你睡到垃圾场去，别把臭气带回家。”

孔祥芬见一时之间平息不了丈夫的怒火，最后她跑到单位，在公厕里草草冲去身上的臭味，无声地在门卫室里度过了一夜。第二天凌晨4点，她又像没事人一样出现在大街上。

工作20多年来，孔祥芬从未请过假。在大家眼里，她像个从不生病的“铁人”。但孔祥芬同样有身体不适的时候。她曾经顶着39度的高烧坚持清扫工作，结果晕倒在三轮车旁。很多时候她总是以私谋公，算计到了儿子和丈夫身上，全家上阵。

在她的心中，既然选择了这份工作，就选择了责任。要对大伙负责，要对社会负责，要对国家负责。

命运不会亏待那些勇于面对问题，自觉承担责任的人。承担起自己的责任能够让一个人将全部的精力投入到工作中，并将自己的潜能发挥到极致。事实上，当一个人下定决心要改变自己的生活境况时，他首先需要改变的就是思想和认识。他们最先需要考虑的是自己所肩负的责任，在责任的角度上对自己将要从事的工作有着清醒的认识。也只有这样，才能找到自己存在的意义。当一个人找到了自己的价值之后，便会充满热情地投入到工作之中，就会在获得成就感的同时，在工作中不畏艰险、恪尽职守。

责任是奉献，是使命。责任往往同奉献乃至牺牲联系在一起，与顾全大局、忍辱负重和任劳任怨等优良品德联系在一起。

选择了工作就选择了责任，只有将勇于负责变成一种习惯，才会把握住人生的方向，做自己命运的主宰。

因此，当你因为面对工作的难题而苦恼时，一定要记住这是你的工作，你选择了它，就要有为它负责到底的准备，因为这就是你的责任。我们要时常提醒自己："工作就是责任，我选择工作的同时也选择了责任，我一定要勇敢地承担起来。"

## 3. 世界上没有不需要负责的工作

对于这个世界上的每一项工作来说，责任就是生命的源泉。因为任何伟大的工程都始于一砖一瓦的堆积，任何耀眼的成功也都是从一跬一步中来的。这一砖一瓦、一跬一步的累积，都需要我们以负责任的态度去一点一滴地完成它。责任对于一名员工来讲，具有无穷的动力和能量。凭借责任，我们可以释放出巨大的能量，把枯燥乏味的工作变得生动有趣，狂热追求自己的事业，为自己赢得珍贵的成长和发展的机会。

因此，世界上没有不需要负责的工作。当责任从前门进来时，我们却从后门溜走，那么我们可能会失去很多伴随责任而来的机会！相对于我们而言，工资和所承担的责任有着直接的关系。

爱默生曾经这样说："责任具有至高无上的价值，它是一种伟大的品格，在所有价值中它处于最高的位置。"这句话充分体现了责任的重要性。有些工作并不是需要很费力才能完成，做与不做之间的差距就在于——责任。简单地说，按时上班、准时开会等一些工作上的小事，真正能做到的并不是所有的人。违反单位制度，说到本质就是一种不负责的表现，首先是对自己单位和职业不负责，更是对自己不负责。没有做不好的工作，只有不负责的人。

我们既然作为公司里的一名员工，就需要付出更多，更好地去做好自己的工作。责任承载着能力，一个充满责任感的人，才有机会充分展现自己的能力。只有这样，尽职尽责地做到了最好，我们才能取得更大的收获和成功的喜悦。

徐晓在一家电器销售公司做业务主管。由于业务不断拓展，公司需要建立一个网站。建立网站要克服大量技术上的困难，而网站的栏目和内容设置又牵涉到大量的商业问题。

老板为此深感忧虑，整天愁眉苦脸，到哪里去找既懂计算机技术又懂销售的人来负责呢？当他把这个想法告诉员工时，不少人都深知责任重大，找各种借口推掉了。

看到老板一筹莫展的样子，徐晓便自告奋勇："让我试试吧。"他想，在业务方面，通过几年的实战，自己已经有了丰富的经验；技术上的问题可能会麻烦一点，但只要多看一些计算机方面的书籍，多了解一些网站制作的知识，相信自己能够做好。

老板抱着试试看的想法同意了。接手之后，徐晓一边学习计算机知识，并不时地向专家请教，一边整理商业销售资料。徐晓的认真劲儿在这次也突出地表现出来了。不论遇到什么困难，只要不能解决，他就几天几夜不睡，非把它攻克不可。

虽然项目推进很慢，但是却在稳步前进。老板看到他那股拼劲儿，对他更加信任了，常常会关切地说："别着急，慢慢来。网站的一切事情你看着办，不必请示汇报，放手一搏吧！"经过一个多月的日夜奋战，网站终于建立起来，虽说不尽如人意，但公司总算有了自己的网站。老板对徐晓大加赞赏，并提升他做了公司的副总经理。

世界上没有不需要负责的工作，也没有不需承担责任的人。相反，你的职位越高、权力越大，你肩负的责任就越重。几乎所有的企业在招聘员工时都会写上“工作责任心强”这一条件，把“有没有责任心”当作招聘员工的一个重要标准。

在工作中，很多人都认为只要完成自己的分内事就好了，从而心安理得地拿着自己的那份薪资混一天算一天。其实，工作不仅仅是自己的谋生手段，也是个人对社会的一份责任。“责任”从大道理说，就是最基本的职业精神，从小的来说即一个人做事的基本准则。一个人的工作做得好坏，最关键的一点就在于有没有责任感，是否认真履行了自己的责任。

有一句话想必大家早已耳熟能详：“今天工作不努力，明天努力找工作！”其实我们也可以这样说：“今天你糊弄工作，明天工作也会糊弄你！”而一个真正认真负责的人，即使在工作岗位干到最后一秒，他也不会改变对工作一贯认真负责的态度。

我们不能逃避责任，对于自己应承担的责任要勇于承担，放弃自己应承担的责任时，就等于放弃了工作，放弃了生活，也将被工作和生活所放弃。责任可以使人坚强，责任可以发挥自己的潜能，能力永远由责任来承载。责任可以改变对待工作的态度，而对待工作的态度，决定你的工作成绩。

俗话说，一滴水可以折射出整个太阳的光辉，一件小事可以看出一个人的内心世界。要想知道一名员工对企业或组织有没有责任感，并不需要用大是大非的问题来考验，通过一些细微的小事，也同样可以得到合理的答案。

一个人有没有责任心，并不仅仅是体现在大是大非面前，一个人的责任心就体现在每一件小事中。一个连小事都不愿负责任的人，又怎能在大事面前敢作敢当呢？一个对待工作不小心、不留神、马虎的员工，又怎么能把工作圆满完成呢？

微软是一家非常重视培养员工责任心的公司。他们在招聘员工时，会提一些问题，并以此来考察应聘者是不是具有责任心。比尔·盖茨说：“人可以不伟大，但不可以没有责任心。”

有一次，微软公司招聘高级管理人员，公司董事长比尔·盖茨亲自主持面试。来了不少应聘的人，看起来一个个精明干练，面试的人一个个进去又一个个出来，大家看起来都是胸有成竹，面试只有一道题，就是谈谈你对责任的理解。对于这样的一个问题，很多人都认为简单得不能再简单。

然而结果却出人意料，没有一个人被录取。难道微软公司成心不想招人？

“其实，我们也很遗憾，我们很欣赏各位的才华，你们对问题的分析也是层层深入，语言简洁畅达，非常令各位考官满意。但是，我们这次考试不是一道题，而是两道，遗憾的是，另外的一道你们都没有回答。”比尔·盖茨说。

大家哗然：“还有一道题？”

“对，还有一道，你们看到了躺在门边的那个笤帚了吗？有人从上面跨过去，有人甚至往旁边踢了一下，但却没有一个人把它扶起来。”

“对责任的深刻理解远不如做一件有责任的小事，后者更能显现出你的责任感。因为在这个世界上没有不需要负责的工作等着你去做。”比尔·盖茨最后说。

责任保证一切，的确如此。责任保证了信誉、保证了服务、保证了敬业、保证了创造……正是这一切，也保证了企业的竞争力。无论你在单位从事何种工作，你一定要认认真真、一丝不苟地对待工作。只有先把本职工作的事做好了，得到了提升，有了更大的职责范围，你才有可能做你想做的事，或希望做的事。

一个对工作高度负责的员工，从来都不会找借口，即使工作遇到困难，他努力寻找的是解决问题的方法和途径，是认定了目标后的百折不挠。而一个对工作不负责的员工，考虑更多的是“尽力就可心安”，而对于完不成任务，因为找到了自以为合情合理的借口，可以向领导交差，就放弃了追求成功的努力。长此以往，因为缺乏成功的体验，在企业受损失的同时，个人的自尊心、自信心也逐渐萎谢，难以有追求成功的愿望，获得成功的人生。

大家想一想，如果一个护士不小心给糖尿病人输了葡萄糖液，那会造成什么后果？如果一个水泥工人在操作中因疏忽制造了一批不达标的水泥，而一家建筑公司正准备用这批水泥做建筑材料，他的不小心会造成多少灾难？而一个财务人员，如果在汇款时不小心写错了一个账号，公司又会蒙受多少损失呢？

任何一个老板都是十分精明的，他们是不会容忍那些只知拿薪水、对工作不负责的员工的，更何况公司与公司之间竞争越来越激烈，只要员工在工作中有一丁点儿不负责任，整个企业都有可能因此蒙受巨大损失。而"粗心、懒散、草率"这些字眼，正是工作不负责的一种表现，好多这样的人，比如职员、出纳、编辑、工程技术员甚至大学教授，就是因为对工作不负责而丢掉了工作。

世界上没有不需要负责的工作。所以，我们在做每一份工作的时候，就意味着我们已经在承担其中的责任了。但是，承担责任并不是一件轻松的事情，要有一定的付出，甚至要做出某种牺牲。我们在工作中必须要清醒、明确地认识到自己的职责，履行好职责，发挥自己的能力，克服困难完成工作，认识和了解到自己的责任，清楚自己的职责，并承担起自己所在工作岗位的责任，那么工作就由压迫式、被动，转化为积极主动，并享受工作乐趣，取得成绩的快乐。

## 4. 只有负起责任，才能拥有工作

我们无法选择出生的时间，是在太平盛世还是能人辈出的战乱年代。

我们无法选择出生的家庭，是“大家闺秀”还是“小家碧玉”。我们无法选择出生的环境，是偏远的世外桃源还是熙熙攘攘的现代都市。甚至我们也无法选择出生后要接触的人，是高峨宽带暖衣轻裘的达官贵人，还是衣着举止朴实无华的普通市民。

但是，我们也有可选择的东西。可以选择工作，可以选择事业，可以选择未来……当然，工作、事业和未来这些也是我们必须要选择的，因为我们必须要面对。

工作是我们生活必不可少的一部分，如何选择工作，拥有什么样的工作都是由我们自身来决定的。不过，想选择一份好的工作，拥有一个满意的职位不是那么容易的，前提是我们必须要负起责任来。只有负起责任，才能拥有工作，才会拥有幸福的人生。

一个人要想在工作上有所建树，就应该勇敢地负起责任。因为只有负起责任，才能拥有工作。试想一下，一个连工作都不能拥有的人，又怎么在工作中发挥自己的才能，实现自身的价值呢？

即便一个人没有良好的出身、优越的地位，但是只要他能负起责任，他就会拥有一份令自己满意的工作。反之，一个人即便高高在上，却不能负起责任，丧失基本的职业道德，那么他的工作也就几近不会存在了。

范进卯当年是复员军人，被安排到北京液化石油气公司赵公口供应站当燃气用具维修工。他干活儿不但认真负责，有时候遇到人家有困难，还坚决不收钱。“勇于负责”是范进卯对自己的要求。结果，一传十，十传百，找范进卯修灶的人越来越多。他的足迹遍及大半个北京城。用户找他帮忙，一张纸条、一个电话，甚至一句捎来的话，范进卯就带上工具去了。安装热水器，要带上包括工作台、压力钳等几百斤的东西，范进卯一辆自行车前后到处披挂。北京的新住宅多，有些地方很不好找，很多时候，范进卯花在路上的时间比维修的时间还长。就这样，十几年下来，范进卯为群众修理安装燃气灶具上万台。

随着技术的进步，市场上出现了很多新型的、高级的灶具和热水器。为了跟上需要，范进卯就哄着妻子给自己家买。妻子和女儿还觉得挺美的，哪知道范进卯的真正意图是拿自己家的东西练手。

一次，范进卯趁妻子女儿不在家，把一台新热水器大拆大卸，再组装起来。没想到装好一试火，火苗从观察口往外喷，连里面的烫锡都烧化了，好好的热水器烧得一塌糊涂。那时，范进卯家不富裕，几百元钱的热水器算得上家里的宝贝了，平日里对范进卯百依百顺的妻子也忍不住跟他发火儿。

范进卯的水平也正是靠这种责任和投入练出来的。

天桥地区成立北京第一家邻里互助协会，范进卯被5万多居民选为协会的理事。在协会成立大会上，范进卯保证："随叫随到，不要报酬，不吃饭。保证我所在居委会不发生液化气火灾事故。"

街道成立了"范进卯维修中心"，范进卯明确表示，只要是政府照顾对象，维修都不收费。与此同时，有不少搞维修的在他们的街道贴小广告，有人就担心范进卯对很多用户不收钱，又有这么多竞争者抢活儿干，他会不会赔。事实证明，范时卯的维修中心不仅实现了盈利，还相继成立了好几家分部。

范进卯说："凭自己的手艺给人解决困难了，人家感谢咱们，说实在的，比收了钱还高兴呢，这真是一种享受。你看做宣传、做广告那些要花钱，这个比做宣传、做广告要强得多……市场经济条件下更需要雷锋精神，把它对立起来是不对的。我们做好事，就不给小广告空间。为人民服务的路真是越走越宽。"

范进卯是个极普通的人，但凡是认识范进卯的人，不管职务高低、岁数大小，都管范进卯叫"范大哥"。这一声"范大哥"，饱含了深厚的尊重和敬仰之情。

只有那些勇于负责的人，才能拥有工作，才有资格获得更大的荣誉。责任通常隐藏在问题背后，不逃避现实中艰难的问题就意味着勇敢地负起那份责任。只有看到问题并想解决问题的人才能够负起责任，而只有负起了责任付出的人，才能够最后收获到累累硕果。所以，请不要让你的眼光绕开你面前的那份看似艰巨的责任，因为也许它里面藏着的正是上天赐给你的意想不到的礼物。

在我们的周围，肯定不会缺少这样一些人，他们对自己目前的工作非常厌恶，唯恐避之不及。但是无论多脏多累的工作总要有人来干。在这种情况下，如果你主动去做这些没有人愿意做的工作会如何呢？这不但能赢得同事的尊敬，更能够得到老板的认同和赏识，有时候甚至还会让老板对你心存感激，因为你的负责起到了“消防员”的作用。

所以说，只有负起责任，才能拥有工作。负责任的人是成熟的人，负责任、尽义务是成熟的标志，责任感反映了一个人的精神境界。那些在所有领域出类拔萃者与其他人的区别在哪里？就在于多一点努力，多一点责任。他们绝大多数人是平凡的，但是因为一如既往的责任而拥有工作的眷顾、老板的欣赏和同事的尊敬。

有一个叫“责任者”的游戏。游戏规则是两个人一组，两个人相距一米远的距离。整个游戏必须在黑暗中进行，一个人向另一个人的正面平躺下去，另一个人站在原地不动，只是用手接着对方的肩膀，并说：“放心吧，我是责任者。”接人者要确保能扶住倒下者。游戏的寓意是让每个人意识到负责任的重要性，让每个人做一个责任者。

有时候，老板要让你做一项别人不愿意做的工作时，你绝不能透出丝毫不满意的神情，要心存感激才对。当然，这样做需要有相应的心理准备。因为这一类的工作，大都是非常辛苦而且吃力不讨好的，即使你付出了全部的心力，也不一定能达到效果。即便如此，你还是要负起责任，默默耕耘。

人们经常说：“塞翁失马，焉知非福。”人生路途是很漫长的，从眼前来看，或许所有的努力都是徒劳无功的，但日后说不定哪一天你的工作就会给你带来意外的收获。相反的，眼前看起来很光艳耀眼的事，或许很快就烟消云散，如同海市蜃楼一般。

很多敢于负责的人，在困难面前总是愈挫愈勇，意志坚定，敢于蔑视任何厄运，嘲笑任何逆境。因为心中有责任意识，所以，困苦不足以损他毫厘，反而会磨炼他的意志，增强他的力量，优化他的品格，促使他坚定地向自己的目标进发。

因此，如果你认为负责别人不愿负责的工作就会吃亏，因而与其他人一样地排斥这个工作，那你就和其他人一样，永远都不会拥有工作。如果你能够对别人不愿意接受的工作负起责任来，那么你就会拥有这份工作，并且能够从中体会到无穷的乐趣，你也就能够克服艰苦，达到他人所无法达到的境界，获得他人无法得到的硕果，取得他人无法取得的成功。

## 5.对工作负责才是对自己负责

我们经常可以见到这样的员工，他们在谈到自己的工作时，使用的代名词通常都是“他们”给我的任务，而不是要完成“我们”的任务，这是一种缺乏责任感的典型表现，这样的员工至少缺乏一种“对工作负责才是对自己负责”的认同感。

无论做什么事情，都要记住自己的责任；无论在什么样的工作岗位上，都要对自己的工作负责。一个对企业、对工作负责任的人，才是真正对自己负责任的人。

一个员工如果对自己的工作不负责任，不仅会在工作中给企业带来损失，而且还会给自己的职业生涯带来损害。相反，一个有强烈责任感的员工，不仅能够得到老板的信任，同时也会为自己的事业在通往成功的道路上奠定坚实的基础。

徐虎1975年进入中山北路房管所，当上了一名水电养护工。在从事养护工作的岁月里，他背着他的修理箱起早贪黑地走街串户。很多人家都是下班回家后叫他去修理，只要大家有需要，总能在第一时间找到徐虎，他的勤恳付出赢得了人们的赞扬，被大家誉为“晚上19点钟的太阳”。

“对工作负责就是对自己负责，完成好每一件工作，不为自己的工作丢人”，是他心中最简单质朴的想法。而正是这种服务意识，使他成为学习的典型。全国很多媒体都对他进行了集中报道，《人民日报》、《光明日报》等都将他作为“敬岗爱业、奉献社会”的劳模典型在全国进行宣传，徐虎由此闻名全国。大家记住了“徐虎信箱”，记住了“辛苦我一人，方便千万家”的承诺。

但徐虎并没有满足这些荣誉，多年在物业第一线服务的他知道，仅仅凭个人的力量从局部来为人民服务，应对庞大的社会需求那无疑是杯水车薪的事情。只有从根本上进行改变，找到症结的所在，才能够使更多的人不用花那么大的精力和劳动也能享受到同样的优质生活。

徐虎在思索中不断升华，不断进行深层次的探索。他把自己在物业管理中的体会，不断总结归纳，上升到理论高度。他在《城市开发》、《解放日报》、《上海房产》、《中国房产信息》等报刊陆续发表了《浅谈物业管理将走入大盘时代和相应准备》、《浅议促进物管发展的对策》、《提升现代物管品牌新内涵》等多篇重量级文章。这些物业管理论文给我国新兴的物业管理专业提供了非常宝贵的资料和经验。

现在的徐虎已经成为上海西部企业集团物业总监，三次被评为全国劳动模范。尽职尽责的服务意识和扎实的工作为徐虎奠定了成功的基石，他以此从平凡的工人成为行业内的专家，积累了经验和信誉，开创了自己的事业。

社会学家戴维斯说：“放弃了自己对社会的责任，就意味着放弃了自身在这个社会中更好的生存机会。”是啊，放弃责任就意味着放弃了机会，敷衍工作就是敷衍自己。像劳模们那样尽职尽责地工作的人，无论领导、同事还是顾客都是有明确感知的，他们因而获得宝贵的信赖，并借此取得了相应的成果和地位。

企业对于员工来说应该是第二个家。企业的利益好坏直接影响到员工的事业和生活质量，所以，员工和企业有共同的利益，企业的兴衰是每一个员工应该载负的责任，这种责任是不可推卸的，和职位的高低没有任何关系。而员工的工作就是决定企业兴衰的根基，所以要求每一个员工在接受任务之后都要尽心尽力。

有的员工工作起来马马虎虎，敷衍了事，他们把工作当成老板的事，因而不肯投入全部身心。其实，这样的员工既是对公司不负责，也是对自己不负责。

邹峰和朋友刘光前往一家外资公司应聘。那家公司待遇优厚，参与应聘的人不少。面试结束后，主考官说还要试用一下，叫他们五天后去报到。

五天后，他们早早地去了公司。公司老总亲自为他们安排了当天的工作——给他们每人一大捆宣传单，让他们到指定的街道各自发放。

邹峰抱着传单，来到了划定的地盘，见人就发给一张，有的人接，有的人理都不理，有的接过去就随手扔在地上，他只好捡起来重发。忙碌了一整天，可手上的传单还剩下厚厚的一叠。

下午5点，邹峰拖着一身的疲惫回公司交差。走进公司办公室，看见其他人都已经回来了。刘光一看到他就说：“你怎么还留那么多传单在手中？”邹峰一看大家手上都是空的，感觉很惭愧，也很不安。

老总问邹峰发了多少。他涨红着脸，把剩下的传单交给了老总，难为情地说：“我干得不好，请原谅！”

在回住所的路上，刘光一个劲儿地怨他憨，骂他傻，并告诉邹峰自己的传单也没发完，剩下的全都扔进了垃圾桶，其他人想必也是如此。邹峰这才恍然大悟，恨自己愚钝不开窍，心想这份工作自己肯定没指望了。

结果却大出意料。在那次招聘中，邹峰成了唯一的被录用者。

半年后，邹峰因为业绩突出升任部门经理。在庆典的晚宴上，他询问老总当初为何选择了他。老总说："一个人一天能发放多少传单，我们早就测试过。那天我给你们的传单，用一天时间肯定是发不完的。其他人都发完了，唯独你没有，只有你是对自己工作负责任的。答案就这么简单。"

邹峰感慨地对人说："那次求职经历我始终不能忘记，它使我明白了一个受用一生的道理——对工作负责就是对自己负责。"

对工作负责，就是对自己负责；你"敷衍"工作，工作也会"敷衍"你。

我们生活在一个息息相关的社会中，所有生存在这个世界的人都需要共同努力，郑重地担当起自己的责任，这样我们才会有生活的宁静和美好。一个缺乏责任感的人，首先失去的是别人对自己的信任，一个不负责任的人，甚至也失去了自身在社会上的立命之本——信誉和尊严。

公交车司机要把车开好，那是他的责任；建筑工人要把房子盖好，那是他的责任；老师要把学生教好，那是他的责任；老板要把公司管理好，那是他的责任；员工要把工作做好，那也是他的责任……任何人都没有权力推脱自己的责任。如果人人都对自己所做的事敷衍了事，不肯对自己的工作负责，结果只能使事情做得越来越糟，社会也只能一步步走向倒退，走向败落。

一位零售业经理在一家超市视察时，看到一名员工对前来购物的顾客极为冷淡，而且脾气还不小，顾客对此非常不满，他自己却不以为然。这位经理问清缘由之后，对这位员工说："你的责任就是为顾客服务，让顾客满意，并使顾客下次还到我们这里来，但是你的所作所为是在赶走我们的顾客，你这样做，不仅没有担当起自己的责任，而且还会使企业的利益受到损害。你怠慢自己的责任就失去了企业对你的信任，一个不把工作当成是自己责任的人，就不能让企业把他当成自己人。你可以走了。”

对工作不负责任确实会给企业带来很大的损失，但损失更大的是我们自己。很多人花费很多精力来逃避工作，却不愿花相同的精力努力完成工作。他们以为自己骗得过老板，其实，他们愚弄的只能是自己。老板或许并不了解每个员工的表现，或熟知每一份工作的细节，但是一位优秀的成功者很清楚，对工作负责最终带来的是什么样的结果。可以肯定的是，升迁和奖励是不会落在那些不负责任的员工身上的。相反，那些勤奋敬业的员工往往会在工作中受益匪浅：在精神上，他们获得了快乐和自信；在物质上，他们也获得了丰厚的报酬。

因此，不管我们从事什么工作，都应该尽自己最大努力去做好，而不是敷衍了事。这不仅仅是我们工作原则的问题，也是做人的问题。如果没有了工作与责任，生命就会变得毫无意义。无论你所处的境遇多么糟糕，只要能尽职尽责地工作，对自己负责，对自己所做的事负责，那么你就可以经过努力实现自己想要达到的目标。

# 第三章

# 负起岗位责任，我的岗位就是我的责任

工作岗位，是一个人赖以生存和发展的基础保障，而企业的发展，则是靠每一位员工的行动来发展的。每一个岗位就是一份责任，在其岗就要负其责，我们只有负起岗位责任，心中时刻装着岗位和责任，才能不负重托，不辱使命。现实中一个个鲜活的实例告诉我们，只有坚持了“我的岗位就是我的责任”这一重要原则，以承担岗位责任作为自己的职场准则，才能化被动为主动，更好地掌握自己的命运，拓展自己的职场前途。

## 1. 每一个岗位都是一份责任

在当今社会，每一份工作都需要完成任务，每一个岗位都需要承担责任。工作的底线就是全心全意，尽职尽责。坚守岗位，完成任务，这就是我们所说的岗位责任。岗位连着责任，责任系着岗位，二者不可分离。

企业中的每名职工都有自己的工作岗位，有岗位就得负起责任。虽然责任有轻有重，每个人能力有大有小，水平有高有低，但有一点应该是共同的，那就是敬业精神和岗位责任心。按照职责分工，干好本职工作，尽到自己的责任，对得起企业为你付出的那份报酬。也有人对岗位挑三拣四，这山望着那山高，其实，每一个岗位都是一份责任，只是分工不同罢了。

白求恩不但具有高超的医疗技术，更是一个爱岗敬业、职业道德高尚的人。他说："我拒绝生活在一个充满屠杀和腐败的世界里，我拒绝以默认或忽视的态度面对那些贪得无厌之徒。""一个医生，一个护士，一个护理员只有一个责任，那责任是什么？那责任就是使我们的病人快乐，帮助他们恢复健康和力量。你必须把每一个病人看做是你的兄弟，你的父亲，因为，实在说，他们比父兄还亲——他是你的同志。在一切的事情当中，要把他放在最前头。"他提出要"把利润、私人经济利益从医务界里取消，把贪得无厌的个人主义从我们的职业中清除。让我们把靠自己同胞的痛苦发财当作可耻的事情。让我们重新来规定医务界的道德标准——不是作为医生之间职业上的一种成规，而是作为医务界和人民之间的基本道德和正义准则。”他是这样说的，也是这样做的。

年轻时的白求恩，就热心于帮助社会底层的平民。他21岁时中断大学学业，来到边疆学院工作，为伐木场的工人开课；后来又到美国工业城市底特律行医，为贫困的工人和新移民治病，尽量少收钱，有时甚至不收钱，有时只收几个青玉米或几棵洋白菜。来到中国，他依然是热爱伤员，关心伤员，处处想着伤员。为了让伤员们吃好一点，他经常拿出自己带来的荷兰纯牛乳和丹麦咖啡，亲自到厨房煮牛奶，烤馒头片，端到重伤员面前，自己生活却非常简单；军区分给他的战利品，如炼乳、白糖、毛毯、床单等东西，他自己不用都分给伤员用；炊事员给他炒一盘鸡蛋，他会大发雷霆，一口不吃，都分给伤员，自己去和战士们一样吃小米饭，喝白菜汤，蘸着白糖或盐吃土豆，拿柿子充饥。毛泽东特批给他每月100元生活津贴，他从来没领过，他说：“八路军都没有工资，我为什么要？我自己不需要钱。因为衣食等一切均已供给。该款若系由加拿大或美国汇给我私人的，请留作烟草费，专供伤员购买烟叶及纸烟之用……”他只要一匹马，但主要是用于驮医疗器械，自己从来不骑。

在白求恩工作过的村庄，至今还传颂着他关心群众、热心为老百姓解除病痛的感人事迹。这说的是有一位左胸前长着2斤重大瘤子的农民前来办事，办完事后正准备回去，被白求恩遇见。白求恩一手拉住他，一手比划着那个大瘤子。老乡被吓了一跳，不知这位洋人拉他干什么，便使劲儿挣脱。旁边的医生笑着告诉他：“这是有名的白大夫，想给你割掉这个瘤子，保准一割就好，快去吧！”老乡半信半疑地跟着白求恩进了手术室……半个多月后，这位老乡拿着许多柿饼、核桃和鸡蛋来答谢为他解除病痛的白大夫。白求恩连声道谢，但怎么也不肯收这些东西。老乡说：“你不收，我就不回去了。”白求恩只好同意留下一部分，等老乡走后，他又把这些东西分给了伤员。这位洋大夫技术高、态度好，很快在方圆几十里的群众中传为佳话。不少患有疑难病症的老乡们纷纷登门求医，白求恩一一为他们精心治疗，从不收病人一分钱。他说："富人可以照顾自己，谁来照顾穷人呢？最需要医疗的人，正是最出不起医疗费的人。"为此，他特别提议免费给老百姓治病。

在石家庄华北军区烈士陵园白求恩纪念馆里，陈列着几件特殊的展品，它们不仅向后人讲述着白求恩鲜为人知的故事，也展示出白求恩的聪明智慧和爱岗敬业的伟大精神：

铁制"助理医生"：一般做一次胸腔手术，需要三四个助理医生。战争时期由于人力有限，白求恩发明了铁制"助理医生"。这种铁制的装置像一个架子，可以固定在手术台上，利用机械扳手的原理，把人的肋骨辅助翻开，手术中可以节省一两名助理医生。

肋骨剪：这是白求恩修鞋时产生的灵感。有一次，白求恩去修鞋，鞋匠完成最后一道工序时，不用把鞋翻开，就能把剪子伸进去把里面的线剪断。白求恩马上想到要是能把这把剪子用在手术中，就不需要把胸腔翻开再剪缝合线了。于是，肋骨剪就诞生了。

"卢沟桥"药驮子：游击战的特点就是忽东忽西，但医院的药械装备不方便搬动。白求恩带领医疗队在河北冀中时，看见农民用毛驴送粪的粪驮子又好装又好卸，马上联想到可以利用粪驮子的原理，做一副箱子放在驴背上搬运药械。白求恩发明的这副药驮子正好可以放下一套手术器械，取下后放在地上，上面放一块门板就是手术台，非常方便。有一天清晨，白求恩听到民兵们在唱《卢沟桥》小曲，觉得这个名字很有意义，于是就给他的药驮子取名叫"卢沟桥"。这种药驮子，可装做 100 次手术、换 500 次药和配制 500 个处方所用的全部医疗器械和药品。

白求恩说道："一个战地的外科医生，同时要是木匠、缝纫匠、铁匠和理发匠。”心灵手巧的他，用木匠工具几下子就把木板锯断、刨平，做成靠背架，让手术后的伤员靠在上面呼吸畅通。因此，一有空闲，他就指挥木匠做大腿骨折牵引架、病人木床；指挥铁匠做妥马式夹板和洋铁桶盆；指挥锡匠打探针、镊子、钳子；分配裁缝做床单、褥子、枕头……

白求恩的最大优点是他能夜以继日地工作，精益求精地为伤病员治疗，全然不顾苦与累。他的亲人和好友在回忆中，都把白求恩的死归咎于他不知劳逸结合，只知事业的伟大、医生的崇高和他人的安乐，而唯独忘掉了自己。

白求恩最大的缺点是脾气急躁。伤员骂他打他，他都能忍受，并始终笑脸相陪。但是，工作失误带来的损失，或认定的目标一时无法达到，他便会火冒三丈，厉声训斥，急了还会做出与身份极不相称的“蠢事”来。他看到学员给伤员换裤子时，忘了他讲的先穿伤腿、后穿好腿的方法，弄疼了伤员，立刻大发脾气说：“你这是犯罪行为！犯罪行为！”他看到有的军医在手术间隙削梨吃，顿时大怒，一把抓过梨扔出窗外；他看到医生给伤员正骨，竟忘记上夹板，怒不可遏，当场给了那位医生一巴掌，说这会使伤员终身残疾；特别是他刚到延安时，请求上前线的要求一直没有得到明确的答复，他火了，举起屋里的椅子，用力向院外掷去，“哗……”窗户的玻璃碎了，惊动了警卫员和周围的干部，大家好言相劝，他根本不听。最后把毛泽东请来做工作，他也还是那句话：“军医的岗位在前线！那是我的责任！”

每一个岗位都是一份责任，当一个岗位与一份责任联系在一起的时候，责任是压力，更是动力。有了责任，就有了使命感；有了责任，才能产生自豪感。

我们既然处在特定的岗位上，就要按岗位责任的要求完成工作，这既能体现我们的责任能力，也能体现自己是否具有“职业责任精神”。“岗位责任”需要责任承担人具有强烈的“责任角色意识”，因为企业管理中出现的很多问题，譬如办事拖拉、效率不高、执行不力等现象，都与岗位责任人缺乏“责任角色意识”有关。

松下幸之助的管理理念告诉我们，无论一个人担任何种职务，做什么样的工作，他都负有相应的责任，只有履行了自己的岗位职责，才能把工作做好。但是很多人还不能清醒地认识到工作中责任的范围，这极不利于个人的发展。

每一个岗位都是一份责任，这就是要求我们必须在岗位上负起属于自己的那份责任。无论是在普通的岗位上，还是在重要的职位上，我们都要秉承一种负责、敬业的精神，一种服从、诚实的态度，并表现出完美的执行任务的能力。这样的人是任何一个企业的最优选择，同时也值得人们尊敬。

通用电气公司前 CEO 杰克·韦尔奇是这样说的：“员工在履行职责的过程中，用心是做好工作的第一步，要用行动去体现，在自己的岗位上负起自己的责任！”

我们所从事的各项工作中，各个岗位都有着不同的工作职责和工作要求，岗位职责要求我们必须在其位、谋其政，恪尽职守，认认真真地做好本职工作。以高度的“责任心”认真履行好各自的岗位职责，这正是“每一个岗位都是一份责任”的关键所在。

## 2. 在其岗就要负其责

大教育家孔子曾经说过：“在其位，谋其事。”所谓的“位”，就是岗位的意思。在什么样的岗位，就有什么样的职责，就应该负起什么样的责任。

不管现在你身处什么岗位，都要把本职工作做好做到位，这是你义不容辞的责任！

但是，在实际工作中，我们都会发现，真正能做到“在其岗就要负其责”的人少之又少。有些人在岗位上不承担属于自己的那份责任。企业给他们的职务和待遇都不错，但他们的工作却始终没有负起责任，而是混一天算一天，做一天和尚撞一天钟，一旦出了什么事情，就使劲推卸自己的责任。

黄华是一位著名的建筑工程师，他做了一辈子的建筑工程，以勤奋和热情深得公司集团总裁的信任，并担任集团总工程师20余年。

一次，已经年老力衰的黄华对老板说，他想退休回家与妻子儿女享受天伦之乐。集团十分舍不得，再三挽留，但见他去意已决，只好答应他的请辞，但希望他能再帮助盖最后一栋别墅。于是，黄华无法推辞，只好悻悻地答应了。

黄华已归心似箭，心思全不在工作上了，顿时降低了对工作的责任感。房屋用料也不那么严格，质量也全无往日的水准。黄华自然很明白工程存在瑕疵，但自身已经没有了工作的热情和责任感。此时的情况总裁也看在眼里，却什么也没说。等到别墅竣工后，总裁在欢送黄华的大会上亲自将钥匙交给黄华。

“黄华先生，您为我们集团服务了20多年，说实话，集团能有今天，你的功劳很大。这是你的别墅。”总裁说，“我送给你的礼物。”

话音刚落，会场响起了一阵热烈的掌声，而这些掌声都是在称赞老建筑师对集团的功劳。而一旁的老建筑师顿时愣住了，悔恨和羞愧溢于言表。他这一生盖了那么多坚固豪华的豪宅，最后却为自己建了这样一座粗制滥造的房子。

老建筑师遗憾地握住总裁的手，面对所有的员工，悔恨地说了一句话：“在其岗就要负其责，哪怕你明天要退休，今天也要全心全意、尽职尽责。”

老建筑师的悔恨就这样永远地留在了掌声中。

黄华既然可以盖出坚固的华亭豪宅，也可以建造出粗制滥造的房子，并不是因为他的技艺减退了，而是因为他淡漠了对工作的责任心。如果一个人希望自己一直都很突出，那就必须要在心中种下责任的种子，让责任心成为鞭策、激励和监督自己的力量，使自己在其岗就要负其责。哪怕明天你要离开这个岗位，也要把今天的工作做好、做到位，把今天的责任落实到底。

看看那些在职场中获得成功的人我们不难发现，这些人不论做什么事情，都是"在其岗负其责"，认认真真把本职工作做好。所以，他们往往能从自己平凡的岗位上做出不平凡的业绩。也正因为他们立足于岗位，把自己的责任尽到了，最终在职场中获得了成就梦想的机会。

石赞清是贵州人，他在任天津太守的时候，持政勤勉，为官清廉，各级官吏都为他的威望所慑服，百姓也都感念他的恩德。咸丰戊午年间，英国人进犯天津，直隶总督被吓跑了，石赞清不但不逃，反而取了两个大瓮，贮满水，放在堂阶上说："如果英国人进来胁迫我，那么我与我的夫人就死在这里。"

没多久，大学士桂良和英国人议和，英兵退走了。

庚申年间，英法联军又来了，并攻入了天津，总督以下各级官吏都横遭侮辱。英军的将领和士兵分别宿在各官衙内和长廊上，石赞清始终坚持着不离开行署。英军强迫他离开，他回答说："砍我的头可以，官衙不能让。"

英国人惊诧不已，但同时也认为他做得对。一天，英军五百人携带武器来到他的行署，把他强行按在轿子上，抬到了英国的领事馆。英国领事非常客气地对他说："我们不敢为难你。只是听说有清兵要烧我们的战舰，现在只好请你来弹压一下。"

石赞清知道这是英军的诡计，非常气愤，以绝食相抗争。没过几天，百姓们听说太守被英军劫走了，群情激愤，聚在一起，就要与英军拼命。英国人开始害怕了，连忙请石赞清离开，而此时石赞清反倒不走了，对英国领事说："我是怎样来的，就应该让我怎样离开。"

英国人不得已只好派五百士兵在前面引路，用轿子抬着他回来了，同时竖起大拇指称赞道："真是个难得的好官。"

在英国人占据天津的这几个月中，石赞清一直没有离开行署。这件事传开后，普天之下，人人称赞他，此后他多次受到提升，一直升到了刑部左侍郎。

在其岗，就要负其责。我们既然在一定的位置上，就要做好相应的工作，就要在自己的位置上严格要求自己：能做到最好就不要做到一般。

2003年一场突如其来的"非典"，让我们记住了钟南山这个名字。面对肆虐的"非典"，他冷静、无畏，以医者的仁心仁术挽救生命，以实事求是的严谨科学态度面对灾难，根据自己多年临床实践，在最短的时间里摸索出了一套行之有效的救治办法，并创下广东省SARS的死亡率全世界最低的好成绩，赢得了"抗击非典第一功臣"的美誉。

面对突如其来的"非典"，钟南山勇敢地站出来，主动向广东省卫生厅请缨，要求把最危重的病人送到他们医院。他身先士卒，深入隔离病区，亲自检查每一位病人，并制定出治疗方案。他率领着研究团队日夜攻关，连续38个小时没合眼，坚守在自己的岗位上，终于在较短的时间里摸索出"早诊断，早隔离，早治疗"和"合理使用皮质激素，合理使用呼吸机，合理治疗并发症"的有效救治办法；他用智慧和勇气帮助更多的人抗击"非典"，用各种方法把他的经验传遍世界各地。

他说："在其岗，就要负其责。在我们这个岗位上，做好防治疾病的工作，就是最大的政治。"这掷地有声的话语，深深体现了他的人生准则和职业操守。他以令人景仰的学术勇气、高尚的医德和孜孜不倦的科学探索给予了人们战胜疫情的力量。

钟南山就是用这样一种高度的责任心对待自己岗位的，用他的仁心仁术，诠释着他的职业操守；用他的大爱无言，践行着他的人生准则。

梁启超说过：“凡职业都具有趣味的，只要你肯干下去，趣味自然会发生。因此，做事切忌粗心大意、心浮气躁。”我们每一个人都应该把工作当成自己的事情，并为此付出全身心的努力。让敬业精神成为一种最基本的做人之道，你也就拥有了成就事业的重要条件。

在职场中的每一个人都必须清楚，只有忠实地对待自己的工作，忠诚地对待公司，充分地使自己发挥出应有的作用，才能巩固现有的位置。因为在老板的眼中，永远不会有空缺的位置。所以，如果你不想与自己的位置只保持一种短暂的“约会”关系，而是想保持一种长期性的关系，那你就要在其岗，负其责，坚持把工作做好、做到位。

公司里每个位置都对企业的生死存亡起着至关重要的作用。如果有哪位员工在其岗不能负其责，那么其所在位置的运作就会出现问题。而当一个位置的价值得不到充分体现时，就会直接削弱整个企业的生命力。

有一位著名的跨国公司总裁曾告诫自己的员工：“要么尽职尽责把属于自己的那份工作做好做到位，要么走人。”的确，不论哪一级的工作人员，都必须要“在其岗，负其责”，把工作做好做到位，而不是懈怠自己的工作与职责。

由此可见，老板喜欢在其岗负其责的员工是合情合理的。因为每个老板都希望每一个岗位的效能都尽可能地最大化，希望每一个岗位的员工都能把工作做好。

“在其岗就要负其责”，我们只有在自己的岗位上勇敢地承担起责任，并一直把这种良好的工作作风保持下去，才会登上事业的顶峰！

## 3.责任不是口号，而是实实在在的行动

“责任”是我们再熟悉不过的字眼了，这个字眼在职场中被提及的次数估计是最频繁的，因为无论身处何种岗位，都具有其职责，而承担起责任，就是要求我们立足于职责，做好本职工作，保证正常的工作秩序。

但是，很多人对责任的理解有失偏颇，或者是看不到责任对于我们个人乃至企业的影响，虽然大家都在喊着“责任重于泰山”的口号，可是对于责任本身的理解却只停留在表面上，很少有实实在在的行动。

其实，责任不是简单的口号，也不是停留在嘴上说说而已，而是一种信仰、一种理念，需要我们从内心深处去理解它，把它作为内在的追求，并付诸实实在在的行动，再用行动去体会、理解、证明和实现。不管身处何种情形，我们都不能放弃肩上的责任，不管从事什么工作，我们都需要尽职尽责，坚持到底。

党素珍是一个50年前跟随丈夫从乡村来到矿山的普通矿工妻子，用她50年的坚守，成为山西整个西山矿区的一座精神丰碑。

50年前中国的矿井条件和现在的条件完全不同，十分艰苦，连起码的后勤服务都很缺乏。到矿上不久，细心的党素珍就发现丈夫和工友们在出井后尽管口干舌燥却无法及时喝水，她觉得很心疼，于是义务当起了矿山的送水工。工友们在第一次喝到她送来的水后，都很感激地对她说：“党嫂子，以后如果您能给我们送水就好了！”

“行！”党素珍一口答应下来。而这一声“行”就成了党素珍50年的承诺，50年的责任，50年的坚守。

试问人生在世能有几个五十载？一份义务的送水工作坚持了50年，有人佩服不已，有人觉得不可思议，可是事实是她坚持下来了，一茬又一茬的矿工都叫她“党妈妈”，给了她这个全世界最神圣的称谓。

50年来，党素珍风雨无阻。酷暑难当，她送来的就是解暑清凉的绿豆汤和橘子水；寒风凛冽，她早早熬好暖身子又有营养的红糖水、姜汤和鸡蛋汤。尽管后来矿区有了电车，党素珍依旧坚持在凌晨4点出门，先打扫家属区的公用厕所，维护家属区的清洁卫生；5点又赶着第一班电车去兑现自己的送水承诺。

50年来，这儿的矿工们不知换了多少人，坚持下来那股劲儿的是党素珍。她缝衣送水、宣传安全生产、订报贴报、出板报；自费订十几份报纸，贴在“党素珍阅报栏”；在家属区和矿区的大街上她也制作了很多黑板报，三天就换一次新内容，用来提醒大家安全生产；每次矿上开安全会，她都去现场录音，回来播放给工人们听……

50年，每天用去的小米、绿豆、茶叶、白糖、零头布块、扣子、针线……这些看起来微乎其微的小物件儿累积起来已经变成了一连串惊人的数字，记载了50年的沧桑岁月，也刻录下半个世纪的执著。有人粗略统计过，这些年来，党素珍挑水30多万担，钉扣子达30多万粒，缝补的衣服有6万余件、手套120万副、修理的安全帽10万余顶，修补雨鞋2万多双，录音机换了12台，卡拉OK机换了两台，还有300多盘磁带和5个扩音器……

这是一个普通人对普通人的承诺，只是良心的自我约束，但她却为此坚守50年，放弃了很多休息甚至家庭团圆的时光，承担了一般人不能胜任的责任、使命和义务。在党素珍的心目中，她永远告诉自己——责任不是口号，而是实实在在的行动。

“上善若水，水善利万物而不争；处众人之所恶，故几于道。”党素珍时刻不忘自己许下的承诺和背负的责任，置身于常人不愿担当的境地而有不凡的作为，磨砺和困难并不是她逃避的理由，反而是让她明白自身价值，看到生活美丽的一面的契机。这是我们每一个人想从平凡中成就卓越的人都需要的精神、心态和力量。

很多人踏踏实实地在自己的岗位上辛勤劳作十几年、几十年甚至一辈子。在一般人看来，他们的工作岗位是普通的，然而日常点滴却经年累月而汇成沧海，蕴含着责任与伟大。即便大部分时间里都默默无闻，也不图什么名利，却终能赢得人们的敬重和社会赋予的尊荣，他们是单位和社会最宝贵的财富。

责任不是口号。一个员工应该珍惜自己的岗位，爱岗尽责，满怀热情地投入工作每一天，用实实在在的行动来诠释岗位职责。

一条施工中的电缆线要从大庆油田劳保库房底下通过，埋电缆的工人不管三七二十一揭开库房的防潮地板就挖起来。沟挖好了，正好天近黄昏，他们下班走了，可库房墙壁下留了一个大洞，这就等于给盗贼开了一扇门。库房保管员宁第森赶紧找来木板堵洞、铺地。可是工程量太大了，加上天黑夜冷，一个人怎么也干不完，宁第森决定留下来。他在一堆皮大衣旁边坐下，守卫着库房。小偷是不敢来了，但从大洞里窜进的那股寒风，却吹透了小宁身上那件旧棉袄，把他冻得瑟瑟发抖。小宁不管这些，像哨兵一样坚守岗位，寸步不离。直到夜里9点多钟，开会的同志回来帮他堵好墙壁，铺好地板，他才锁好门回到宿舍。

库房安全了，宁第森病倒了，可他还是坚持上班，到了下班时间，宁第森已经病得走不动路了。同事们急忙请来医生给他看病。等他慢慢缓过来后，同事们心疼地问他为什么不给自己拿件大衣穿上，宁第森说："我是保管员，劳保品进库什么样，出库还应什么样，谁也不能乱动。"

宁第森穿的"自己的棉袄"，实际上是他二哥送给他的，算来已经有些年头了，一些地方还露着棉花。其实他的领导已经跟他说过多次，让他去领件新棉袄，但宁第森总是说他已经领过了，再拿就是占公家便宜。

在宁第淼身上，我们看到了责任不是口号，而是实实在在的行动。

用实实在在的行动把责任承担起来，并非要求每一个人要具有多高的战略思维，而是力争把属于自己职责内的每一件事情都做好，不要以个人的意志为转移，心情好就做好，心情不好就不管三七二十一，而是要每一个步骤都能体现出我们的职业素养来，承担起这样的责任也才能让企业不断地推进和发展，而当企业推进发展后，作为个人而言，也会因为勇于承担责任而得到更多的责任。

4.

## 在岗1分钟，就要负责60秒

在很多企业中，我们都可以随处见到这样的标语“在岗一分钟，负责六十秒”。如果我们大家仔细想一下，就会明白它绝对不是一句简单的提示，更不是平常的单位换算。它要求我们在工作时要严格遵章守纪，具有一丝不苟的负责态度。

我们每个人从事的工作都是不同的，所需要的能力和所起到的作用也就不尽相同。可是，无论对统管全局的领导者，还是平凡岗位上的工作人员来讲，只要涉及责任就没有小事。一颗道钉足以倾覆一列火车，一根火柴足以毁掉一片森林，很多低级错误，甚至一些本可避免的重大安全事故的发生，就是因为缺少那么一点点责任心的缘故。

日本著名跨国公司“松下电器”创始人松下幸之助曾经说过：“责任心是一个人成功的关键。对自己的岗位负责，独自承担这些行为哪怕是最严重的后果，正是这种素质构成了伟大人格的关键。”

一个星期天的下午，一群男孩儿在公园里玩模拟战争的游戏，有人扮演将军，有人扮演上校，也有人扮演普通的士兵。有个“倒霉”的小男孩儿抽签时抽到了士兵的角色，他要接受所有长官的命令，而且要按照命令丝毫不差地完成任务。

“现在，我命令你去那个堡垒旁边站岗，没有我的命令不准离开。”一个扮演上校的男孩儿指着公园里的垃圾房神气地说道。

“是，长官！”小男孩儿快速而清脆地答道。

接着，“长官”们就蹦蹦跳跳地跑到别处玩去了，而这个小男孩儿则来到了垃圾房的旁边站岗。

时间一分一秒地过去了，天渐渐黑了下来，小男孩儿站得腿脚发酸，但还在坚守着岗位。可是，那些下命令的“长官”们却早已经把这个站岗的“士兵”给忘了。

一些人路过小男孩儿身边，问他：“你在这里站了两个小时了，你在干什么呢？”

“我在站岗，没有长官的命令，我不能离开。”小男孩儿答道。

人们哈哈大笑说：“这只是游戏，何必当真呢？”

“不，我是一名士兵，要遵守长官的命令。”小男孩儿坚定地说。

“可是，你的小伙伴们都已经回家了，不会有人再来下命令了，你还是回家吧。”路人劝道。

“不行，这是我的任务，是我该负的责任，我不能离开。”小男孩儿回答。

人们拿小男孩儿没办法，摇摇头都走开了。更糟糕的是，公园很快就要关门了。小男孩儿很想离开，但是他没有得到离开的准许，而他的那些小伙伴们似乎真的把他给忘了，或者压根儿就没把这件事情放在心上，总之，没有人回来给他解除任务。

但事情并没有看上去那么糟糕。

正在这时，一位军官走了过来，他了解完情况后，脱去身上的大衣，亮出自己的军装和军衔。接着，他以上校的身份郑重地向小男孩儿下达命令，让他结束任务，离开岗位。小男孩儿这才接受军官的命令，离开“岗位”回了家。

军官对小男孩的岗位责任心十分赞赏，回到家后，把这件事告诉了自己的夫人，并说：“在岗一分钟，就要负责六十秒！这个孩子长大后一定会成为一名出色的军人，他对工作岗位的责任意识让我震撼。”

军官的话一点没错，后来，这个小男孩儿果然成为了一名赫赫有名的军人——艾森豪威尔将军。

一个人的责任心对自己所负责的工作至关重要。责任心强的员工观察问题细致，善于思考问题并且能够及时发现工作中存在的问题，从而把问题消灭在萌芽状态，避免事故的发生。责任心不够强的员工，观察问题粗心并且不善于排除隐患，经常任其发展最终导致事故的发生，这就凸显出员工责任心的重要性。员工的技术水平再高，如果责任心不强，也无法及时发现问题，问题不能及时发现又如何能及时解决呢？

施良生是浙江兰溪专职铁路道口员。1986 年，他从部队转业就走上了铁路道口员的岗位，至今已坚守了 22 年。

从年轻力壮到两鬓斑白，施良生再过几年就要退休了。他说，这几年体力已大不如前了，以往站几个小时腿都不酸，现在一天下来常常感觉骨头快要散架了。而且，这份工作心理压力很大，每分每秒都不能松懈，“我们比列车司机还要紧张得多，因为铁路道口无小事。”

谈起工作经历，施良生说，1995 年，他遇到了工作以来最惊险的一幕。一天，一辆农用拖拉机满载长达十多米的竹竿，缓缓地经过道口。让人万万没想到的是，拖拉机在经过道口时，车上的竹竿突然散落了下来，整个道口到处横着竹竿。老施和同事见状，马上上前帮忙搬运。正在这时，值班室接到前方车站打来的电话，有列客车即将通过道口。

这该怎么办呢？如果列车撞上了竹竿，就会造成出轨翻车的大事故，施良生马上将大红旗插在事故处，并拿着红色信号旗向列车开来的方向跑去。“我听到了鸣笛声，感觉到列车已近在咫尺，500米……400米……300米……我拼命地挥旗，就是想让它快点停下来！”终于，在离道口200米处，列车停了下来，这才让已被吓出一身冷汗的老施松了口气。

施良生说，虽已时隔多年，但每次回忆起那惊险的一幕，脊梁都是凉飕飕的，“当时真是刻不容缓。我们这工作啊，真得比火车司机还紧张！”

施良生对记者说：“干这活一定要耐得住寂寞，就是深夜了，也不敢打瞌睡——铁路出事情可不是闹着玩的，我们在岗一分钟就要负责六十秒。”

在岗一分钟，就要负责六十秒。高度的责任心是保证安全生产的根本，没有或者缺乏责任心，就有可能对容易发现的隐患视而不见，对安全生产制度充耳不闻，对有可能发生的事故麻痹大意。在这样的工作状态下，即使目前的安全隐患都排除了，事故迟早还会发生，因为责任心的缺失才是最大的隐患。

有很多员工在工作岗位中经常会这样认为：设备有些小毛病，不会出大问题；工作一会儿，不戴安全帽也没事……这些都是侥幸心理的体现。“在岗一分钟，就要负责六十秒”，而因侥幸心理对工作不负责造成的事故数不胜数。

安全，不是主观意愿，而是实实在在的客观实际。“不怕一万，就怕万一”，众多的事故隐患告诉我们，如果我们在细微处麻痹松懈，心存侥幸，就常常会被置于不安全、暗藏玄机的危险境地。把一次偶然的侥幸成功当作日常工作中的经验，忘记了生产中的侥幸行为潜伏着发生事故的必然性，必然会付出惨重的代价。

责任连着安全，责任连着千家万户。只有每个人都在自己的岗位上负起责任，安全才有保证，可见安全源自高度的责任心。

在身受重伤的危急时刻，她将生的希望留给了游客，把死的威胁留给了自己。湖南省湘潭市年轻女导游文花枝在生死关头，用自己的行动赢得人们的敬意。

2005年8月28日，突如其来的车祸发生在欢歌笑语的旅途中，使原本气氛轻松的车厢顿时陷入了极度的恐慌。旅游大巴车被撞得严重变形，车内血肉模糊，乱作一团。这时，车厢里传来导游文花枝“挺住！加油！”的鼓励声。这个声音虽然微弱，却透着一股沉稳、坚定，像黑暗中的一线光束，让受伤、受惊的游客从死亡的噩梦里看到生的希望。事后许多亲历者都说，正是这个很有穿透力的声音，给了大家支撑下去的勇气。

其实，在这起6人死亡、14人重伤、8人轻伤的重大交通事故中，文花枝是伤得最重的一个。但她一直牢记着自己的神圣职责，在岗一分钟，就要负责六十秒。因此，她在死神肆虐面前不停地为大家鼓劲、加油。施救人员一次次向她走过来，她总是吃力地摇摇头说：“我是导游，我没事，请先救游客！”

文花枝是最后一个被救出来的，多次昏迷的她左腿9处骨折，右腿大腿骨折，髋骨3处骨折，右胸第4～7根肋骨骨折。在危险、痛楚到来的时候，文花枝真正做到了将生死置之度外！当地处理事故的交警赞叹说：“这个导游真不错，少见的顽强啊！”

因为延误了宝贵的救治时间，医生为文花枝做了左腿截肢手术。她才二十多岁，正是一个女孩最宝贵灿烂的年华。在文花枝出事后，许多人为她捐款，有一家公司想资助她的弟弟上大学，却被文花枝谢绝了。

所有见过文花枝的人，都会深深地记住她那“在岗一分钟，就要负责六十秒”的职业精神和灿烂的笑容，而她就用这笑容迎接着美好的明天！

在实际的工作岗位中，并没有这么多的生死抉择，我们唯一要做的就是坚守自己的岗位，在岗一分钟，负责六十秒。因为任何一项工作都有意外发生的可能，这时候积极主动的员工，就要有想他人所未想的精神。一个能够随时应对工作中可能出现的问题的员工，一定会成为企业最需要的员工。

我们只有具备了高度的责任心，才能认真执行各项规章制度；只有具备了高度的责任心，才能克服许多影响安全生产的困难；只有具备了高度的责任心，才能不断提高确保安全生产的能力。

作为一名员工，增强工作责任心的表现就是要时刻提醒自己，树立强烈的安全意识和自我防范意识，严格遵守各项规章制度和安全操作规程，并在工作中坚决贯彻执行，不能打一点折扣。

对于员工来说，立足本职岗位，要时刻不忘自己的岗位责任，尽职尽责地干好本职工作，真正做到“在岗一分钟，负责六十秒”，为企业安全运行做出自己的贡献。

# 第四章

# 绝不推卸责任，任何理由都不是推卸责任的借口

优秀的员工都是具有高度责任感与使命感的员工。他们面对困难坚持不懈，面对成功依然冷静，面对绝境毫不放弃。他们绝不推卸责任，反而还会自觉地去承担责任，正是他们推动了企业的发展与进步。借口是一个敷衍别人、原谅自己的“挡箭牌”，任何理由都不是推卸责任的借口。因此，一个优秀的员工，他的能力都通过尽职尽责的工作来完美展现。反之，一个只会推卸责任，凡事找借口的员工，即使工作一辈子也不会有出色的业绩。

1.

# 勇于承担责任，不逃避不退缩

我们的生活中总有一些员工视工作为自己的负担，在他们看来，工作是老板的工作，问题也是老板的问题，自己不过是一个任务的执行者而已。他们总是要想方设法把本属于自己的工作踢给别人，一旦工作中出了问题，不是独立想办法去解决，而是千方百计地依赖别人，结果丧失了独立工作的能力。这样的员工往往会拖整个团队和企业的后腿，对企业的正常运作造成消极影响。

而那些勇于承担责任的员工则会把工作看作是自己分内的事，不逃避、不退缩，不随意把问题推回给老板，一旦接受了某项工作，就会承担随之而来的麻烦和问题，想尽办法处理好自己的工作。就算工作出了错，也会对整件工作负责。

是的，在工作中，难免谁都会出现失误。但“人非圣贤，孰能无过”，在日常工作中，每个人都难免出现这样或那样的失误。可是，当问题发生时，有些员工首先想到的却是推卸责任，想方设法向老板解释说明这事与自己无关，是某人因为某些状况才导致了问题的发生，自己当时又如何，总而言之，这事与他没关系，不能让他来承担这些责任。而老板最急需的解决方案，员工们却闭口不谈，只是一个劲地回避责任，这自然要惹得老板发火了。

从老板的角度来看，一个员工对待失误的态度就能直接反映出他的敬业精神和道德品行。一个称职的员工，会勇于承担自己的责任，不推诿不退缩，不找任何借口。

深圳有家香港公司办事处，只有一位主管和一位职员。办事处刚成立时需要申报税项，由于当时很多这样性质的办事处都没有申报，再加上这家办事处没有营业收入，所以这家办事处也没申报。

两年后，在税务检查中，税务局发现这家办事处没有纳过税，于是做出了罚款决定。这家办事处的香港老板知道这件事后，就单独问这位主管："你当时怎么想的，导致发生这样的事情？"这位主管说："当时我想到了税务申报，但职员说很多公司都不申报，我们也不用申报了。另外，考虑到可以给公司省些钱，我也就没再考虑，并且这些事情都是由职员一手操办的。"老板又找到这位职员，问了同样的问题。这位职员说："从为公司省钱的角度，再加上我们没有营业收入和其他公司也没申报，我把这种情况同主管说了，最终申不申报还应由主管做决定。他没跟我说，我也就没报。"很自然，这位主管马上就被香港老板"炒了鱿鱼"。

有一家公司的经理这样说："工作出现问题，是自己责任的话，应该勇于承担，并设法改善。慌忙推卸责任并置之度外，以为老板察觉不到，未免太低估老板了。我不愿意让那些热衷于推卸责任的员工来做我的部下，这会使我不踏实。"

对任何人来说，推卸责任都是有害无益的，这会断送一个人的前途，并注定一个人平庸的结局。

自古以来，成大事者都是勇于承担责任的人，而敢于承担责任的人，才有可能成长和成功。一个不敢不能不愿负责的人，往往有了功劳往自己身上揽，有了错误就推得一干二净。他们有可能在某段时间里风光无限，却永无可能到达更高的位置，承担更重的责任。因为他从一开始就不想肩负这样的担子。

里根是连任美国第四十九、五十届的总统，2004年，里根当选《时代周刊》评选的美国历史上最伟大的五位总统之一。

有记者问里根:“你为什么能当总统,而且当得还挺好?”

里根没有正面回答,而是讲了自己11岁时发生的一件事:1920年的一天,他在踢足球时不小心踢碎了邻居家的玻璃窗,邻居向他索赔12.5美元。在当时这是笔不小的数目,足足可以买125只生蛋的母鸡!闯了大祸的里根向父亲承认了错误,父亲让他对自己的过失负责。

可里根没钱,他为难地说:“我哪有那么多钱赔人家?”

父亲拿出12.5美元说:“这钱可以借给你,但一年后要还我。”

从此,里根开始了艰难的打工生活。经过半年的努力,终于挣够了12.5美元这一“天文数字”,还给了父亲。

里根说:“通过自己的劳动来承担过失,使我懂得了什么叫责任。人要对自己的过失负责;总统要敢于对这个国家的过失负责。”

权利与责任是成正比的,能够担多大责任就能够拥有多大的权利。无论你所从事的是什么样的工作,只要你勇于承担责任,不逃避不退缩,你所做的就是有价值的,你就会获得尊重和崇敬。

我们每个人都应该勇敢地去承担那些属于自己的责任,遇到问题要敢于面对,勇于解决,而不是逃避畏缩。无论当前的问题会产生多么严重的后果,我们都应该为自己的决定负责,心平气和地去接受所有的结果。

一个不愿承担责任的人,社会不会给他成功机会。责任感是人间最高贵的情操。负责任的人都是有为者;不负责任的人,即使能力再强,也是庸才。一个人对自己的选择要负责任,只有负责任,肯担当,才能够在工作中独当一面,成为公司倚重的骨干。

有一家大型跨国公司,对采购部门的资金控制非常严格,并制定了一条硬性的采购制度,不可透支账户上的存款余额。也就是说，如果账户上没有资金，总公司就不会再拨款给分公司采购产品，直到分公司的财务重新把账户补满。这种情况往往要到下一个采购季节才能得以缓解。

小秦是这家公司的采购主管，有一次，他听信部门经理助理的建议，大量采购了新加坡的一种产品，花掉了账户上的采购资金。就在采购完成后没多久，小秦接到了部门经理的电话，要求他采购一批韩国企业生产的新式提包，这种款式的提包在欧洲市场上很受欢迎，公司建议分公司也采购一部分。

这让小秦措手不及，经理的指令必须执行，但是采购资金已经透支了。没有资金，他用什么采购？于是他想向经理说明情况。这时，一位同事向小秦建议："不如你把责任推到经理助理身上，反正是他的建议。"

小秦拒绝了这个建议。小秦知道，采购物品的选择是自己的事，虽然是经理助理的建议使他透支了采购资金，但毕竟是他最终做的决定。于是，小秦如实汇报了采购新加坡产品的事情，坦率地承认是自己的失误，并申请追加拨款，采购韩国提包。

听到这个消息，部门经理尽管很生气，但他很敬佩小秦及时弥补错误的做法，所以设法给小秦拨了一笔款项。那种新加坡产品和韩国提包推向市场后，产生了很好的反响，销售异常火暴。很快，小秦收到了总公司的表扬信。

这个故事道出了很多职场中人的一个致命缺点，那就是不敢承担责任。推卸责任的一个潜在心理意识是，看不见自己的问题。中国有句古训："知天知地知彼易，知己难。"意思是说，人可以知道除自己以外的任何事情，就是难得自知。大多数中国企业里经常会发生这样一种情况：搞培训的时候，大家群情激昂，可是一回到工作中，该犯的错继续犯。从来不检讨自己，把责任全部推到别人身上，或者寻找各种客观原因，还说自己经过了培训，已提高了工作水平，不会出现这种错误，出了问题与自己无关。

在工作中，当我们犯了错误或出现失误的时候，一心去想如何隐瞒错误或推卸责任的做法是最不可取的，因为这样往往错过了弥补错误的最好时机，往往会将错误扩大，进而造成更大的损失，而到那时再想弥补错误恐怕为时已晚，也难以起到作用。所以面对错误，我们要勇于承担责任，不逃避不畏缩，并采取一切可能的措施去弥补，将错误造成的负面影响降到最低，这也是面对错误时最明智的选择。

事实上，因为我们不小心，工作中难免会出现一些失误。但产生失误并不可怕，关键是我们面对失误的态度。因为一个人懂得承担责任，这比千万次苍白无力的辩解更具说服力，比千万次费尽心机推卸责任更具有震撼力，也只有这样的人，才是一个能成就大事业的人。

因此，只有那些能够勇于承担责任的人，才有可能被赋予更多的使命，才有资格获得更大的荣誉。在任何一家企业，责任是员工生存的根基。而是否勇于承担责任正是优秀员工与一般员工的区别所在。

## 2. 绝不推卸责任，自己的责任就该自己承担

捷克小说家米兰·昆德拉说："一个人身上的担子越重，就越能感受到生活的充实与快乐。"任何人注定都要承担一部分责任，创造一部分价值，担起生命的重担。事实证明，担子越重，脚印越深；脚印越深，步子越稳。这样，做起事情来才有质量，因为任何一个健康的人都大有潜力可挖。

美国总统肯尼迪说过："不要问国家能给你什么，而要问你能为国家做点什么！"台湾著名国学大师耕云先生在台北和北京多所大学里也反复强调一句话："活在责任和义务里。"他一再告诫学子们每个人都是社会的一份子，要尽到对社会的责任和义务；同时又是家庭的一分子，也要尽到对家庭的责任和义务。他说，如果我们每个人都能对社会和家庭尽到应尽的责任和义务，那么我们这个社会就少了许多纷争和掠夺，少了许多奸险和罪恶，而多了一些安宁和祥和。

美国前总统杜鲁门有一句著名的座右铭："责任到此，请勿推辞！""记住，这是你的工作！"的确，每一个优秀的员工都应牢牢记住这句话，哪怕遇到再大的困难，我们也绝不推卸责任，就该自己承担。

在工作中，凡是负责任的人都会得到褒奖，不仅是金钱还有荣誉。负责任就是积极担负起属于你的事情，而不是被动地去完成。这就是说，当你被告知过一次后再做同类事情就不需要再被告知了。

但是那些只会推卸责任的人，他们直到被告知过多次后才去做事情，这种人得不到荣誉也得不到金钱。只有当他们被逼无奈时，才会去做事。这类人只会遭到漠视，收入自然十分微薄。这些人一生中大部分时间都在盼望幸运之神会降临到自己身上。更次等的人，只在被人从后面踢时才会去做他应该做的事，这种人大半辈子都在辛苦工作，却不停地抱怨运气不佳。

如果大家都不愿面对现实，只会推卸责任，那么，这种态度对于我们所追寻的理想、期望的目标、经营过程中的那番苦心，都是一种很大的打击。长此以往，久而久之，这些只会推卸责任的人本来能够胜任的东西也就不擅长了。到最后，等待他们的只有一种结局——庸庸碌碌，无所作为。

有一家生产日化用品的公司，由于厂房地势较低，每年都要进行抗洪抢险。一天，老板要出差，出差之前，他叮嘱几位负责人要时刻注意天气。

一天晚上，天气预报说有雨，老板担心厂房被淹，于是就给几位负责人打电话。当时，厂房所在地已经下雨了，可能由于天气关系，老板一连打了几个电话，都打不通，最后打到了财务经理的家里，让他立即到公司查看一下。

"嗯，我马上处理，请放心！"接完电话，财务经理并没有到公司去，他心里想："这事是安全部的事情，不该我这个财务经理去处理，何况我的家离公司还有好长一段路，去一趟也费事。"于是，他给安全部经理打了一个电话，提醒他去公司看一下。

安全部经理接到电话时有些不愉快，心里想："我安全部的事情，凭什么听你的。"他也没有去公司，当时他正在看电视，连电话也没有打一下，他心里说："反正有安全科长在，不用担心。"

安全科长没有接到电话，但他知道下雨了，并且清楚下雨意味着什么，但他心里想有好几个保安在厂里，用不着他操心。当时，他正在和朋友下棋，甚至把手机也关了。

那几个保安的确在厂里，但是，用于防洪抽水的几台抽水机没有柴油了，他们打电话给安全科长，科长的电话关机，他们就没有再打，也没有采取其他措施，早早地睡觉去了。值班的那一位睡在值班室里，睡得最沉，他以为雨不会下很大。

到凌晨两点左右，雨突然大起来，值班保安被雷声吵醒时，水已经漫到床边！他立即给消防队打电话。

消防队虽然来得很及时，但由于通知的时间太晚，五个车间还是被淹了四个，数十吨成品、半成品和原材料泡在水中，工厂的直接经济损失高达2000万元！

事后，追究责任时，每一个人都说自己没有责任。

财务经理说："这不是我的责任，而且我是通知了安全部经理的。"

安全部经理说："这是安全科长的责任。"

安全科长说："保安不该睡觉。"

保安说："本来可以不发生这样的险情，但抽水机没有柴油了，是行政部的责任，他们没有及时买回柴油来。"

行政部经理说："这个月费用预算超支了，我没办法。应该追究财务部的责任，他们把预算定得太死。"

财务部经理又说："控制开支是我们的职责，我们何罪之有？”

老板听了，火冒三丈：“你们每个人都没有责任，那就是老天爷的责任了！我并不是要你们赔偿损失，我要的是你们的态度，要的是你们对这件事的反思，要的是不再发生同样的灾难，可你们却只会推卸责任！”

这样的事例令人痛心，发人深省。如果公司每个员工都不推卸责任，自己的责任自己承担，最后公司就不会有这么大的损失。在责任面前，每个人都有义务承担，这样企业才能实现持续发展。

那么，如何培养自己的责任心，做到遇事不推卸责任，自己的责任自己承担呢？

第一，要有责任心。这是履行好岗位职责必须具备的工作态度。

没有积极正确的工作态度，没有强烈的责任心，是无法干好本职工作的。无论处于什么样的工作岗位，担任什么样的工作职务，都只有安心工作岗位、热爱本职工作才能对工作有责任心。当然，人人都希望拥有一个能够得到充分尊重、安全舒适、薪水丰厚、称心如意的工作，既没有上司的呼来唤去，也没有下级琐事的打扰；既没有工作压力，也没有失业风险。

然而，这种理想的工作岗位，在现实生活中是不可多得的。人尽其才，这是理想化的用人之道，也是现代人力资源管理追求努力的方向目标，而现实中这种恰如其分的匹配是极少的。

那么，面对这种现实情况应该怎么做呢？不妨尝试一下“既来之，则安之”的自宽做法，从心理上消除对你个人工作岗位的成见，静下心来，倾注你的感情，使自己逐渐去适应岗位工作，而不是要工作来适应你。一分耕耘，一分收获。从完成的工作中寻找成功的满足感和成就感，也许你会发现你的岗位并不那么令人厌烦，你的工作又是多么的让人心动。这时你会后悔自己当初的想法又是多么稚嫩可笑。安心自己的工作岗位，对工作有了感情，那么自然而然就有了工作的责任心。

第二，应有工作技能。这是履行好岗位职责必须具备的能力要求。

要想履行好岗位职责，除必须具备强烈的工作责任感以外，还必须要有一定的知识水平和工作能力。没有金刚钻就无法揽下瓷器活，光有工作热情而不具备工作能力，是无法适应岗位需求的。

工作能力是干好工作的必要条件。正因为如此，所以每位工作人员都应该具备适应工作岗位的知识水平和工作技能。也许你的知识水平和工作能力应对你目前从事的工作得心应手，游刃有余，也可能确实是有点大材小用。但也不应好高骛远，这山望着那山高，岂不知有"三百六十行，行行出状元"的道理？你能力出众，工作更应出色。

也许你原来具备适应岗位工作需要的知识水平和工作能力，但也必须考虑到社会形势的发展变化，考虑到科学技术进步的日新月异，原有的知识可能早已被淘汰，原有的技能也可能早已落伍，所以无论谁都没有理由一劳永逸，不思进取。居安思危，未雨绸缪，不断丰富充实自己才是应有的态度。

第三，要有纪律观念。这是履行好岗位职责的重要条件。

没有规矩不成方圆。只要生活在现代社会上，就必须受一定纪律的约束，特别是对于现代企业制度下的员工，更需要具有牢固的纪律观念。纪律观念和责任感是紧密联系的，没有纪律观念就不可能有工作责任感，同样没有工作责任感也就表现不出好的纪律观念。

对于员工来说只有树立了牢固的纪律观念，才能自觉遵守单位的规章制度和各项管理规定，工作中才能按规程操作照章办事，才能表现出对工作负责的态度。

第四，要有安全意识。

安全意识是履行好岗位职责的前提保证。安全是为了工作，工作必须安全。假若一名职工没有安全意识，不管有多高的工作热情，有多强的工作能力，这样的职工也是不称职、不合格的职工。

因为离开了安全意识，无论对个人还是对企业都是一种很大的潜在威胁，意味着时刻有发生安全事故的可能性，一旦酿成事故，就会给企业与个人造成不可估量的生命财产损失。特别是在大力提倡以人为本的今天，更是把安全意识摆在十分重要的位置。

安全意识也是工作责任感的本质要求，所以要想切实履行好岗位职责，就必须有安全意识。

第五，要有实干精神。干好工作必须有实干精神，空谈只能误事。

假设没有俯下身子、放下架子的实干精神，无论干什么样的工作，从事什么样的职业都会一事无成。光说不做等于没说，在实际工作中应该是少说多做。

讲究实干要从小事做起，从点滴做起，小事做多了就成了大事。我们都清楚这样的道理，现实中不论在哪个领域成就事业的人，都不是一开始就干出石破天惊的大事，都不会一鸣惊人的。包括伟人毛泽东、邓小平等，他们也是从基础做起的。

若要做好自己的工作，必须先使自己成为一名具有高度责任感的人，自己的责任自己主动承担，这是获得老板信任与同事尊敬的关键。相反，只会推卸责任，把"屎盆子"往别人头上扣，不能主动承担责任的员工最终将一事无成。

## 3.躲得了责任，躲不了后果

俗话说得好："躲得了初一，躲不了十五。""跑得了和尚跑不了庙。"世界上最愚蠢的事情就是躲避眼前的责任，很多员工工作做不好不是因为能力不行，主要是怕做不好而不敢承担责任。

生活和工作中的事情没有尽善尽美的，在生活和工作中做错了事情是在所难免的。每一天，每一个人都会遇到麻烦，当这些麻烦带来指责的时候，你是否想过要承担这些责任？很多人都天生地选择了躲避职责，因为指责往往会引起不快和惩罚。为了避免这些不快与惩罚，许多人想尽办法逃避责任，比如转移批评、推卸责任、文过饰非等。

其实，我们每个人，无论从事何种工作，做何种事情，都有与之相对应的责任，也会有与之相对应的权利。你有多大的权利，就必须负起多大的责任，如果你企图躲避责任，那么最终你也将失去所有权利，并受到相应的惩罚。因为躲得了责任，却躲不了后果，结局只能是在逃避中掉进失败的深渊！

一家大型公司要裁员了，刘莉和陈茜都不幸上了解雇名单，被通知一个月之后离职。两个人都在公司待了近十年了。刘莉回家后，一整夜没有睡着，第二天更是十分气愤，逢人就大吐冤情："我在公司待了这么多年，平时兢兢业业，没有功劳也有苦劳，凭什么解雇我呢？"

刚开始的时候，其他同事出于同情，还会安慰她几句，可刘莉老是唠唠叨叨，就让人讨厌了。尤其是她竟然含沙射影，仿佛自己被人陷害了似的，看谁都不顺眼，对谁都没有好脸色，闹得大家都怕碰到她，见她来了就远远躲开或绕道而行。刘莉还把气发泄在工作上："反正我在这儿只有一个月，干好干坏一个样，不如干坏一点，让陷害我的人遭受损失，让老板遭受损失。"结果，她做的工作相当糟糕。

陈茜在看到自己的名字上了解雇名单后，当然也难过了一晚上，但她的态度和刘莉截然不同："既然只有一个月时间了，不如给大家留下个好印象。"于是，她从不说自己被解雇的事，别人偶尔提起时，她也只是说自己能力不足，应该被淘汰。她还逢人就道别："再过些日子，我就要走了，不能再与你们共事了，请多保重。"大家见她这么重感情，反而更亲近她了，这让她的心情好多了。

在工作上，陈茜的想法是，既然还在岗，那就要负起这个岗位上的责任，用实实在在的行动给公司、老板和同事留下一些美好的回忆，即使她走了，也会有人夸她、想念她。于是，她工作起来更加兢兢业业，更加认真负责，丝毫没有因为将离职而降低工作品质,她的工作成绩甚至比没被宣布解雇时还要好。

一个月很快到了,刘莉如期离职,陈茜却被老板留了下来。老板说:“像陈茜这样对工作认真负责的员工,正是我们需要的,我们怎么舍得让她离开呢?”

任何躲避和推卸责任,从根本上说,短期内可能蒙混过关,但长此以往,这样的侥幸和投机必将败露,最终都将受到严厉的惩罚。当然,“人非圣贤,孰能无过”。面对错误,负起责任,才能超越错误,得到成长。在充满挫折的人生道路上,勇于负责,面对现实,凝聚力量,这样我们的未来才会更加灿烂光明。

2011 年,央视的“3·15”特别节目曝光了广受消费者欢迎的瘦肉型猪,原来是用“瘦肉精”喂养出来的,而且这些“健美猪”还流入了以质量把关严格著称的知名肉制品企业,该公司的“十八道检验”并不包括“瘦肉精”检测。

众所周知,瘦肉精是一类动物用药,将瘦肉精添加于饲料中,可以增加动物的瘦肉量,减少饲料使用,使肉品提早上市,降低成本。长期食用瘦肉精喂养的猪肉会危害人体健康,会出现肌肉震颤、心慌、战栗、头疼、恶心、呕吐等症状,特别是对高血压、心脏病、甲亢和前列腺肥大等疾病患者危害更大,严重者可导致死亡。

此新闻一经曝光,立刻引来了一片喧哗,公安部紧急召开会议,决定对其进行处理。经过一段时间的调查,发现险些拖垮中国最大肉类企业的源头推手,几乎置整个中国猪肉安全恐慌中的肇事者,竟藏匿在乡间村庄一间只有 100 余平方米和几台锈迹斑斑设备的破旧车间。

当我们在工作中一次又一次地躲避责任的同时,我们其实已经失去了自我,失去了一个又一个宝贵的发展机会和赢得尊重的机会,这一切都是因为我们在那一刻缺失了敢于承担责任这一人生中最重要的品质。

佛里德利·威尔森曾经这样说过:"一个人,不论是在挖土,或者是在经营大公司,他都会认为自己的工作是一项神圣的使命;不论工作条件有多么困难,或需要多么艰难的训练,始终要用积极负责的态度去进行。只要抱着这种态度,任何人都会成功,也一定能实现目标。"

同样,作为一名职场人士,不管我们在哪个企业,不管我们从事什么工作,糊弄工作、敷衍工作,时刻躲避责任的人,肯定会陷进一个失败的漩涡之中。而这个失败的漩涡恰恰是躲避责任时,自己亲手制造出来的。

在犹太人眼中,人永远无法躲避责任。自瞒自欺易,但却无法躲避世人锐利的眼睛。因此,自己的责任一定要自己承担。

有一个犹太人,接到美国芝加哥一个公司3万个刀叉餐具的订货单,双方商定的交货日期是9月1日。这个商人必须在8月1日从本港运出货物,才能在9月1日如期交货。

但是,由于一些意外事故,商人没能在8月1日赶制出3万个刀叉餐具。这位犹太商人陷入了困境,但他丝毫没有想到要给对方写封情真意切的信,要求延期交货并表示歉意,因为这本身就是违背契约,不符合犹太商法,并且也是躲避责任的做法。结果,后来,这位犹太商人花巨资租用飞机送货,3万个刀叉如期交货了,这位犹太商人损失了1万美元。

不躲避责任,自己的责任自己负,这是犹太人处世为人的一个原则。也正是他们这样做了,犹太人才在世界赢得了更好的声誉。

躲得了责任,躲不了后果。在职场中,既然错误已经铸成了,那么就应该主动承认,并积极改正;该自己承担的责任,就毫无怨言地承担起来。这样,就不会一错再错,才不会离成功越来越远;否则,面对错误死不承认,积极将其推卸给别人,只会在躲避和推卸中毁掉自己的大好前程。

## 4. 多一份责任就少一份借口

在工作中，有很多员工只喜欢向领导邀功，而当在工作中出现失职行为时却是能掩盖就掩盖，实在掩盖不住，就百般推卸，不愿承担一丁点儿责任。不仅如此，有的人为了免受谴责，当犯下一个错误时，除了编造一个敷衍他人的借口之外，有时还会找出另外一个可以"安慰"自己的理由。其实，有高度责任心的人很少为自己找借口，他们认为，任何借口都表现为懦弱的一面。有时候与其寻找借口，还不如多一份责任。

借口是拖延的温床，习惯性的拖延者通常也是制造借口与托词的专家。这类人无法作出承诺，只想找借口。他们总是经常为了没做某些事而制造借口，或想出千百个理由为事情未能按计划实施而辩解。这样的人是不可能成为好员工的，他们也不可能有完美成功的人生。

工作找借口的人，能获得些许的心理慰藉，但是，借口的代价却无比昂贵，给企业和个人前途带来的危害一点也不少。很多事往往就是找借口而错失良机。在工作中，如果你发现自己经常为了没完成某些工作而制造借口，或是想出千百个理由来，为没能如期实现计划而辩解，那么应该面对现实，多一份责任少一份借口，来彻底改变自己。

任何借口都是推卸责任。在责任和借口之间，选择责任还是选择借口，体现了一个人的生活和工作态度。经常为工作找借口，是阻止自己进步的大敌。经常找借口的人，会逐渐变得消极颓废，遇到困难和挫折时，不是积极地去想办法克服，而是去找各种各样的借口，久而久之就成了一个消极的人，也最终剥夺了成功的机会，使自己一生一事无成。

多一份责任就少一份借口。责任是成功的先决条件，无论做什么工作，有责任感的人，就会出色地完成任务，就会离成功越来越近；缺乏责任感的人，对工作是敷衍、应付，甚至是视而不见，能拖就拖，那他的工作永远不会有起色，自己永远会被关在成功的大门之外。

有一位运动员的故事曾经激励了无数人。他并不是金牌得主，也没有打破任何纪录，他来自一个体育运动并不发达的国家，他没有任何惊天动地的举动，但是他的精神却成为人们效仿的榜样——他就是1968年墨西哥城奥运会上来自坦桑尼亚的马拉松选手艾克瓦里。

当时，艾克瓦里吃力地跑进奥运会体育场的时候，时间已经是晚上了，整个体育场漆黑一片，他是最后一名抵达的运动员。这个时候，奖已经颁完了，不要说运动员，连观众都已经走光了。

艾克瓦里的双腿绑着绷带，仍然有丝丝血迹渗透出来，脚也一瘸一拐。尽管已经筋疲力尽，他还是坚持绕场一周，到达了终点。

一位享誉国际的纪录片制片人格林斯潘见证了这一幕。他一直默默地注视着艾克瓦里跑完全程，然后好奇地走上前，问他为什么在自己受伤、比赛结束的情况下，还要这样吃力地坚持到终点。就算他跑到终点也没有人注意到，而且反正已经是最后到达的，跑不跑完也不会有什么区别。

这位年轻的选手这样回答格林斯潘："我的国家把我从两万多里之外送到这里，不是让我来起跑的，而是让我来完成比赛的。就算没有观众，没有裁判，这也是我的责任，我没有理由不坚持到最后，更没有借口来逃避退缩。"格林斯潘被这句话感动了，他把这一幕作成了纪录片，在电视上播出了一次又一次。

现实中，我们大多数员工责任感还是比较强的，工作中是认真负责的，工作成效也是显著的。但毋庸置疑，也确有不少员工责任意识淡薄，缺乏应有的责任感和敬业精神，工作得过且过，做一天和尚撞一天钟，甚至个别员工处处从个人利益出发，计较个人得失。在这些员工看来，工作不过是为了赚点钱花，在工作上稍微有一点困难，他们脑海中马上就会浮现出各种借口。

事实上，那些能够实现自己的目标，取得成功的人，并非有超凡的能力，而是有着强烈的责任感。他们能积极抓住机遇，创造机遇，而不是一遭遇困境就退避三舍、寻找借口。人们必须停止把问题归咎于他人和周围的环境，应当勇于承担自己的责任。一旦自己作出选择，就必须尽最大的努力把事情做好，一切后果自己承担，决不找借口，不推卸责任。

不论是员工还是老板，多一份责任就少一份借口，多一份责任就会多一份成功。

可以说，避免或逃脱责罚就像是在面对狼群时人要奋力奔跑一样，是人的一种本能。大多数人都会在“有利”和“不利”两种形势的抉择中选择趋利避害。有时候，人们为了暂时逃脱责罚，往往会想方设法地做出一些“免罪”行为，使自己依然保持良好的形象。不过，如果你只愿意接受表扬而不愿承担责任，那么永远也别指望自己能够将错误和不足的东西改正和弥补过来。这些错误和不足主要包括以下几点：

(1)容易养成拖延的坏习惯。

如果仔细观察，我们会发现在很多公司里都有这样的员工：他们看起来每天都在忙忙碌碌，一副尽职尽责的样子，但是不要被其表象所迷惑，因为他们常把本应一个小时完成的工作变得需要两倍甚至数倍的时间来做。工作对于这部分人而言，只是一个接一个的任务，他们会寻找各种各样的借口，拖延逃避。这样的员工会让一个管理者头痛不已。

(2)为失职找借口是因循守旧和缺乏创造力的体现。

通过总结，我们不难发现寻找借口的人往往都是些因循守旧的人。由于缺乏一种创新精神和自动自发工作的能力，因此期望这些人在工作中做出创造性的成绩是难以实现的，为失职所找到的借口会使他们过分依赖以前的经验、规则和思维惯性。

其实，借口只能让人逃避一时，却不可能让人如意一世。

无论干什么工作，都不能找借口，寻找借口就是想进行某种开脱，开脱就是对工作不负责任。确实想找借口，那也看是什么借口。真正的出发点是为工作的话，寻找借口还情有可原；如果是为了掩盖自己工作的失职,或者为了某些个人目的,那是万万不该的。那样做只能助长自己的懒惰思想,只能给工作拖后腿,到头来不仅害了自己也害了别人。

因此,多一份责任就少一份借口。无论我们遭遇什么样的难题,都必须学会对自己的行为负责!这就意味着不要为失误找借口,而是勇敢地承认自己的不足并且承担所造成的损失。也许这说起来很简单,要真正行动起来却非常艰难。

因为寻找一个借口所付出的努力要比承担失误和损失轻松很多。但是一个人如果总是用借口来安慰自己或者逃避责任,那么他永远也不会成长,永远也得不到别人发自内心的尊敬和信任。

要成为受公司欢迎的人,先学会不找任何借口:当遇到难以解决的事情,不应该知难而退,找种种理由,而是迎难而上,下定决心一定要达成预定的目标。而当一个人不愿意、不想做一些事情的时候,就会找出无数个借口。推卸责任、拖延、自欺欺人随时随地都在发生,这时,借口成为了最受欢迎的"救命稻草"。

但是,现实告诉我们,借口就像是毒品,只会将自己一步一步推向深渊。当制订了一些计划时,一些借口就随之而来——"现在没有时间,等下月吧"、"忙得我忘了执行计划"、"竞争对手太强了,我肯定不能赢"、"他们总是不理解我"。这些借口给我们带来的危害一点也不比其他任何恶习少。频频给工作找借口的人不可能得到别人的信任,因为他们有很多无法克服的困难,老板也无法安心地把工作交给他们。

借口是人性的丑恶部分。因此,拒绝借口不仅仅是员工的发展之本,也是除掉人性顽疾,顺延人类文明的一部分。做一个不找借口的员工,你就能为自己的业绩加分,你就是老板偏爱的员工,你就是职场的宠儿,你的职业之路就能越走越宽。

那么,如何克服遇到困难就想找借口的毛病呢?一个可行的方案是:设立一个"无借口月"。

一个被下属的借口搞得不胜其烦的物流经理在办公室贴上了这样的标语:"这里是'无借口区'。"

他宣布,9月是“无借口月”,并告诉所有人:“在本月,任何人工作时只解决问题,坚决不找借口。”

这时,一个顾客打来电话抱怨该送的货迟到了,物流经理说:“的确如此,货迟了。下次再也不会发生了。”随后他安抚顾客,并承诺补偿。挂断电话后,他说自己本来准备向顾客解释迟到的原因,但想到9月是“无借口月”,也就没有找理由。后来这位顾客给公司总裁写了一封信,评价了自己在解决问题时得到的出色服务。他说,没有听到千篇一律的托词令他感到意外,他赞赏公司的“无借口运动”是一个伟大的运动。

设立一个“无借口月”,可以有效地帮助组织管理者和员工彻底摒弃借口,培养勇于负责的职业精神,使责任得到有效的落实。它体现的是一种负责、敬业的落实精神,一种务实、主动的落实态度,一种完美、积极的落实能力。

多一份责任就会少一份借口。少一点借口,多一份责任,才会被老板放心地重用,才能事业成功,家庭幸福!

## 5. 摒弃应付工作的心理,认真仔细负起责任

在现实的工作中,有很多员工只知道抱怨公司,却不反省自己的工作态度,似乎根本不知道被公司重用是建立在认真、仔细完成工作的基础上的。他们整天应付工作,并发出这样的言论:“何必那么认真呢?”“说得过去就可以了。”“现在的工作只是个跳板,那么认真干什么?”结果,他们失去了工作的动力,不能全身心投入工作,自然不能在工作中取得斐然的成

绩。最终,聪明反被聪明误,失去了本应属于自己的升迁和加薪机会。

如果在工作过程中催一下动一下、挨一下鞭子推一下磨,这岂不是对自己的人生不负责?应付工作会给我们带来暂时的轻松,却会在此后相当长的一段时间内让我们轻松不起来。

如果别人用粗心、懒散和草率等字眼来形容你的工作态度,就说明你是一个不负责任的人。而这样的态度,最终将给公司造成损失,个人也会因此而受到牵连。

张平是一家服装公司的业务员,他负责为公司订购货物,一次他订购了一批羊皮,当时的合同条款写道:“每张大于4平方尺,有疤痕的不要”。在张平草拟合同的过程中,将逗号写成了顿号,变成了“每张大于4平方尺、有疤痕的不要”。由于张平急于晚上赴女朋友的约会,没有再对合同仔细地检查。就这样,供货商在看了合同之后得到了可趁之机,发来的羊皮都是小于4平方尺的。公司为此而损失惨重,却因为张平的疏忽而有口难言。最终,难辞其咎的张平只能被迫辞职。

身在职场是容不得半点不负责的态度的,作为一名员工,就应该将自己分内的事情保质保量地完成。如果以应付的态度对待,那么将来你被列在裁员名单上时,老板可能连应付的理由都不愿意给你。

超越平庸,选择完美。这是一句值得每个人追求一生的格言。有无数人因为养成了轻视工作、马马虎虎的习惯,以及对手头工作应付了事的态度,使得自己的一生都处社会底层,不能出人头地。

某报社曾有个年轻的通讯员,在报道某企业当年的成就时,因为对工作应付了事,结果把“千”字错写成了“万”字,等到新闻在报纸上登出后,当地的税务部门立刻找到这家企业的老板,严厉批评他们说:“你们公司隐瞒实际收入,企图偷税漏税,现在必须补交税款!”老板听了之后感到十分奇怪,因为公司确实是按实际收入交税的,没有任何隐瞒收入的违法行为,于是就与税务部门争辩,税务部门人员说:“你们还拒不承认,更应该加重处罚,你们说没有隐瞒收入,但是报纸上已把你们的收入登出来了,与你们上报的出入太大,你们还不承认?”老板没办法,只得找来报纸,并协助税务部门重新核查账务,结果才发现是那个通讯员的敷衍所致!

通讯员抱着应付工作的心理,对工作马虎粗心,给这家公司惹来了麻烦,幸好没有造成损失,解释清楚就可以了。然而很多时候由于应付了事、马虎粗心所造成的损失是无法补救的。

养成应付工作的心理后,做起事来往往就会不负责。这样会使得人们轻视你的工作,甚至轻视你的人品。粗劣的工作,就会造成粗劣的生活。工作是人们生活的一部分,做着粗劣的工作,不但使工作的效能降低,而且还全使自己丧失做事的能力。所以,粗劣的工作,实在是摧毁理想、堕落生活、阻碍前进的仇敌。

库博曾是一家大型建筑公司的员工,他当时的主管不但是该家族公司集团中的总经理,而且还是第一位被提拔的非家族成员,由此可见这位主管所承受的压力。因此,主管在管理下属的时候非常严格。虽然很多其他员工对于主管的管理感到战战兢兢,但是库博觉得自己在这家公司待得时间长,有能力也有技巧应付他的各种命令。

有一天,主管要求库博为董事会准备资料,库博便将各部门呈上来的报表全部收集在一起,在没有进行任何分类的情况下码了一大摞交给了主管。令库博没想到的是,呈上材料后没多久,主管就找他谈话,说他工作不负责。库博很不服气,对主管说:“为了这份材料,我今天都没有按时吃饭。”主管听了他的话,叹了一口气说:“你觉得你收集的资料是我所需要的吗?你只是在应付工作,你应该知道,应付工作就是在应付你自己。”

其实,库博的问题不在他的能力上,而在态度上。他不愿对自己的工作进行认真仔细地分析,更不愿看透自己所做的每件事情所牵扯到的利益。他习惯性地按照自己的经验办事,即便是牺牲了吃饭的时间,哪怕无效也会坚持。

很多员工每天都在重复着类似的工作,习惯性地应付了事,对工作马虎粗心。喜欢应付的人应该明白,天下没有免费的午餐,如果一直都没有业绩,即使攒了很多经验,也于事无补。

你可以问问自己,对现在的工作是否持满意的态度,如果不是,那么你很可能每天都在采取消极应对的策略,诸如拖延、敷衍、逃避等,但是你却没有静下来想过这些工作态度会造成什么样的后果,而你能否承担这些后果?如果进行仔细地分析和计算,你就会发现这些不利的后果比目前让你烦恼的工作更可怕。

应付工作可能给你带来如下害处:

(1)应付完成的工作必然有漏洞。即便你自认为在工作过程中是一个很好的"执行者",但是你却不能保证自己没有失误。

(2)应付完成的工作很有可能被老板"毙"掉,最后只能是你白白浪费精力。

(3)在工作中做一个被动的"执行者",那么你将很难在工作过程中发挥出想象力和创造力。

(4)不论是上司还是同事,或是你的下属,都不会有人欣赏一个"应付者",你只会为人所不齿。

对于一家公司的领导者或决策者而言,应付甚至比不忠诚、不勇敢更有杀伤力,因为它直接影响一个团队的灵魂,成为团体中的"精神毒素"。应付者会影响到他人的敬业意识,所以必将成为老板或上司的"眼中钉"。

因此,我们必须要摒弃应付工作的心理,认真仔细负起责任来。抱着非做成不可的决心,抱着追求尽善尽美的态度,这是成功者的必备素质。在生活中,无论做什么事,如果只是以做到"尚可"为满意,或是做到半途而停止,那么绝不会成功。

成功者和失败者的区别便在于:成功者无论做什么事情,都力求达到最佳境地，认真仔细，丝毫不会放松；成功者无论从事什么职业，都不会轻率疏忽，而失败者恰好相反。

工作的质量往往会决定生活的质量。在工作中你应该摒弃应付的心理，严格要求自己，能做到最好，就不能允许自己只做到次好；能完成百分之百，就不能只完成百分之九十九。这样不但能使你不再应付了事，更有助于你改变拖拉的习惯。

## 6. 把责任当作成功的机会

经常有很多人会这样问："成功的机会在哪里？"可以这么说，机会就蕴藏在责任之中。把责任当作成功的机会，承担责任不一定马上就会获得成效，但终会得到回报。

具有强烈责任感并且能够努力工作的员工每时每刻都在把握着属于自己的机会。也只有我们每个人都能深刻认识到这一点，并反思一下自己是否因为没有勇于承担责任而导致流失了许多可以走向成功的机会。

在北京，有个风筝手工艺者叫哈亦琦，他是著名的"风筝哈"的传人。他的"风筝哈"手艺，是一百六十年来几代人心口相传至今的稀世绝活，屡获国际大奖，这些精美的风筝几次三番被当作国礼相送，叹为观止。

然而，这项好手艺曾一度面临着生存的危机。放风筝，毕竟不能当饭吃，哈亦琦穷得到处借钱，想过放弃，也尝试着转行。但是，身上背负着的那份传承重任，使他一直努力坚持着。在这样的困境中，有什么方法可以让他继续支撑下去呢？

无意间，那个自己梦寐以求的缤纷世界，那个扭转乾坤的机会，被他给找到了。

转机发生在一次客户的定制中：民航总局准备送一批礼品风筝给外国朋友，便向他一次性定制了八十个，并特别要求他把这些风筝全裱在镜框里。

把风筝做成标本？不飞了？面对这一不同于平常的要求，片刻思索后，哈亦琦一拍脑袋，想到了一个让“风筝哈”起死回生的新道路，就是：做拥有艺术特色“不会飞”的风筝艺术品。

于是，五彩风筝的外面被包上了一个个镜框，飘扬之物，变成了含蓄的艺术品。这一痛苦的转折，使“哈式风筝”摆脱绝境，焕发了新的生机。

事业总有低潮之时，悲观绝不是解决之道，耐心寻找那个反败为胜的机会吧，其实机会距离你并不遥远。

一个人的成功，来源于他强烈的责任感，而想要创造机会必须要靠这份责任感。把责任当作成功的机会，你才能发挥创造力，最终走向成功。如果只想坐井观天，那么井底之蛙非你莫属；如果只会守株待兔，那么那只“机会渺茫”的兔子永远没你的份儿。

同样，在工作中，你只有具备了强烈的责任感，别人才会对你刮目相看，你才能在激烈的竞争中脱颖而出。相反，如果你没有这种责任意识，必然会失去宝贵的成功的机会。成功，换个角度而言，就是源自于责任感。

艾晓玲，相貌平平，个性普通，专业技能在所处行业里也不占什么大优势，更没见有什么突出的才能。然而，自从她进入公司后，每一个部门都被她搞得有声有色。每一次“灾难性”的调动，反而带给了她一次次生还和登峰的机会。

对于她的横空出世，公司有无数个版本，但每个版本无一例外，都有提及相同的一点，那就是：她的绝世好运让她逢凶化吉。

否则，一个如此“没有特色”的人，是如何一步步从行政部跨到市场部，又转战销售部，一路过五关斩六将，一路所向披靡的呢？

然而，只有艾晓玲自己清楚，胜利的机会是从何而来的。

那会儿，她刚进这家公司实习的时候，人事部的负责人看她没什么明显的专业优势，就把她给分配到了相对宽泛的行政部，从此，她默默地负责起一个不起眼的小职位。

艾晓玲发现，这家公司的行政部是一个暗潮汹涌的地方。这里的女人不是能言善道，就是八面玲珑。那些老男人不是深语权术，就是平庸势利。聪明的艾晓玲，只管认真负责地干活，从不卷入那些职场是非。不过偶尔她也会小露一手，但仅限于工作，比如别人在数据上有所疏漏，她就悄悄去改正；领导说什么，她就做什么，并在第一时间做到最好。别人怨声载道、消极怠工的时候，她却悄悄潜伏着，仔细负责地去熟悉公司各部门的产品、主要人物等相关信息。

有一次，市场部经理路过行政部，正巧看见她在接电话，她得体又有分寸地处理着客户的一件小事，并把事情办得井井有条，经理一下就相中了她。于是，艾晓玲就这样顺理成章地顶了市场部的一个空缺。

新工作一下开阔了艾晓玲的视野，她的工作积极性就更大了。不过，她还是一如既往，发挥特色——认真负责。半年后，经理所收到的调查分析报告中，就属她最扎实，这为她赢得了第一场胜仗。一年后，在市场部她已然成了公认的大人物。在会议上，原来行政部的同事，眼见她条理清晰、口若悬河地发言，无不大跌眼镜。

不久后，艾晓玲以其出色的成绩，荣升为市场部副经理。正春风得意之时，老板找到她，问她是否愿意接受一个新的挑战：入驻乌烟瘴气的销售部。

机会？或者陷阱？在这个节骨眼，艾晓玲面不改色，毅然选择接受挑战。

销售部的情况，比艾晓玲想象得还要惨不忍睹。艾晓玲卷起衣袖，决定大刀阔斧了。第一把火，艾晓玲打算就从库存堆积最厉害的销售区开始烧。寒冬腊月，她一个人骑着辆自行车，登门造访公司的各大产品代理商，了解产品滞销的原因。辛辛苦苦几个月，情况终于有了好转。那些不知情的人，只知道这两年艾晓玲鸿运高照，却不曾看到她每天劳心劳力的艰辛。

真是好事多磨，一年之后，把销售部搞得风生水起的艾晓玲又被调到了大客户部。这又是一个不好对付的地方。那些大客户、大老板个个自我感觉良好，光跑跑腿，谈谈业务是不可能搞定的。刚开始接触新工作才三个月，艾晓玲就学会了打高尔夫球，并成为“麦霸”。

艾晓玲的第一张大单子，是源于一个机缘巧合。那天，她去拜访一个客户，偶然听到他打电话时谈及第二天要去某风景点开会。艾晓玲回去后，立马调查了他们入住的酒店。第二天，“恰好来自助游”的艾晓玲，一身旅行装束出现在了酒店大堂里，并与客户“偶遇”。

短短几天，他们经过一起参加活动、唱歌、聚餐……慢慢就熟悉起来了，再后来，认识她的人同她更熟稔了，不认识她的人也都认识她了，她的客户名单“噌噌噌”往上涨，不久后，第一张大单子正是出现在这群“熟人”中。

关于机会，艾晓玲深有感触，也最有发言权：成功的机会是靠责任去争取的。

责任越大机会就越多，谁承担了最大的责任，谁就拥有最多的机会。拥抱责任，就是把握机会；靠近责任，才能赢得机会；承担责任，才能迈向成功；尽到责任，最终让你脱颖而出。

世界上最大的金矿不在别处，就在你自己身上，而我们常常在别处不断地寻找。只要我们认真负责地对待我们的工作，以一颗责任心面对我们的工作，在工作中不断思考，就能发现机会。

当我们没有走向成功或者缺少机会时，不要抱怨环境，而应该问问自己是否承担了责任。责任和机会的关系，分析起来有三种情形：

(1)责任与机会合二为一。比如，某公司有一个重要项目需要实施，董事长提出竞争上岗，谁做好了，谁就是下任董事长。谁都看得出来，做好项目既是责任也是机会。

(2)责任中隐藏着机会。比如，老板对一位员工说："你去开发西北市场。"表面看来，老板是给员工一个任务，实则是给员工一个机会，因为如果开发西北市场成功了，这位员工可能获得西北市场总经理的位置。

(3)机会中隐藏着责任。比如，老板任命某员工为副总经理。从表面上看，这是一个机会，事实上，它同时又有责任。抓住做副总经理这个机会，意味着要承担起一个合格的副总经理应当承担的责任。

上面三种关系，归纳起来实际上就是一种关系：责任＝机会。

朋友们，让我们行动起来，把责任当作成功的机会吧！

# 第五章
# 全面落实责任，责任心有多强落实力就有多高

企业的发展和壮大需要每一位员工都坚守好自己的工作岗位，全面落实自己的责任。你的责任有多强，你的落实力就有多高。往往责任心强的员工都是公司的顶梁柱，只有每一位员工对自己的工作负责，企业在激烈的竞争中才会立于不败之地。所以，我们应该全面落实自己的责任，做好本职工作。唯有如此，我们才能将自己的能力发挥到极致，赢得一个精彩的人生！

# 1. 没有做不好的工作，只有不负责任的人

在职场中，每位员工都有各自的工作岗位，同时也担负着各自岗位上的责任。假如你是一名检修人员，你就有责任去做好设备维护工作，保障设备运行的安全可靠；假如你是一名运行人员，你就有责任按规操作，时时掌控设备工况，及时调整设备运行工况至最佳；假如你是一名管理人员，那么你就要认真做好自己所分管的工作；假如你是一名企业领导者，你就有责任带领公司里的员工把经济效益搞上去，提高员工们的福利待遇。

一个人无论能力大小，只要你能够勇敢地担负起责任，认认真真做好分内工作，完成好每一项工作，你所做的一切就有价值，就会成功，获得尊重。

没有做不好的工作，只有不负责任的人。在日常工作中，无论从事什么工作，敢于承担责任的人，就会出色地完成任务，就会发挥自己的价值；反之，不能承担起责任的人，就会懈怠自己的责任，就可能给别人带来不必要的麻烦，甚至给别人带来生命的威胁。

我们每个人，无论在哪个岗位，都要看重自己的工作，进而增强高度的责任感和使命感。即使我们只是公司里极其普通的一员，即便我们每天做的都是一般性的日常工作，也将重新审视自己的工作，努力做好工作，为公司发展贡献自己的微薄之力。

一个商店的老板需要招聘一个小伙计，他在商店的窗户上贴了一张独特的广告——“招聘：一个能自我克制的男士。每星期 40 美元，合适者可以拿 60 美元。”

每个求职者都要经过一个特别的考试。乔治也来应聘，他忐忑地等待着，终于，该他出场了。

“能阅读吗？”

“能，先生。”

“你能读一读这一段吗？”商店老板把一张报纸放在乔治面前。

“可以，先生。”

“你能一刻不停顿地朗读吗？”

“可以，先生。”

“很好，跟我来。”商店老板把乔治带到他的私人办公室，然后把门关上。他把这张报纸送到乔治手上，上面印着乔治要读的一段文字。

阅读刚一开始，商店老板就放出六只可爱的小狗，小狗跑到乔治的脚边，相互嬉戏吵闹。许多应聘者都因受不住诱惑要看看美丽的小狗，视线离开了阅读材料，因此而被淘汰。但是，乔治始终没有忘记自己的角色，他知道自己当下是求职者，他不受诱惑，一口气读完了材料。

商店老板很高兴，他问乔治：“你在读书的时候没有注意到你脚边的小狗吗？”

乔治答道：“是的，我注意到了，先生。”

“我想你应该知道它们的存在，对吗？”

“对，先生。”

“那么，为什么你不看一看它们？”

“因为没有做不好的工作，只有不负责任的人。我要对我的工作负责。”

商店老板在办公室里来回走着，突然高兴地说道：“你就是我想要找的人。”

没有做不好的工作，只有不负责任的人。乔治之所以是商店老板想要雇用的人，这是因为他知道自己的工作职责，并懂得带着强烈的责任感去完成它。在职场上，只有认真负责地工作的人，才是真正的聪明的人。

在现实工作中，责任经常被忽视，人们总是片面地强调能力。一个员工能力强是件好事，但是，如果他不愿意付出，他就不能为所在企业创造更多价值。而一个愿意为事业全身心付出的员工，即使能力稍逊一筹，也能够创造出最大的价值来。当然，责任胜于能力，并不是对能力的否定。

我们每个人都扮演着不同的角色，不论出身贫寒或富贵，都要对自己所扮演的角色负责。人可以清贫，可以不伟大，但不可以没有责任。任何时候，我们都不能放弃我们肩上的责任。一个缺乏责任感的人，将失去别人对自己的信任与尊重，最终将失去所有的一切。可以说，责任伴随着我们的一生，人生赢就赢在责任！

一家外贸公司的老板要到美国办事，且要在一个国际性的商务会议上发表演说。他身边的几个要员忙得头晕眼花，A负责演讲稿的草拟，B负责拟订一份与美国公司的谈判方案。

老板出国的那天早晨，各部门主管都来送行，其中一个人问A:“你负责的文件打好了没有?”

A睁着惺忪睡眼说道:“今早只有四小时睡眠，我熬不住睡去了。反正我负责的文件是英文撰写的，老板看不懂英文，在飞机上不可能复读一遍。待他上飞机后，我回公司把文件打好，再电传过去就可以了。”

谁知转眼之间，老板驾到。第一件事就问A:“你负责的那份文件和数据呢?”A按他的想法回答了老板。老板闻言，脸色大变:“怎么会这样? 我已经计划好利用在飞机上的时间，与同行的外籍顾问研究一下文件和数据，怎么能把时间白白浪费在飞机上呢?”

A的脸色一片惨白。

到了美国后，老板与要员一同讨论了B的谈判方案，方案既全面又有针对性，既包括了对方的背景资料，又包括了谈判中可能发生的问题和策略，还包括选择谈判地点等很多细致的因素。B的这份方案大大超出了老板和众人的期望，谁也没见过这么完备而又有针对性的方案。后来谈判虽然艰苦，但因为对各种问题都有细致的准备，最后这家公司赢得了谈判。

出差结束回到国内，B得到了重用，而A受到了老板的冷落。

作为一名员工，其实，A和B都有能力完成老板安排的工作。唯一不同的是，B多承担了一份责任而已。然而，正是B多承担的这一份“微不足道”的责任，使最终的结果大不相同。

没有做不好的工作，只有不负责任的人。我们所有的工作都应该尽职尽责，重视工作中的责任与细节。这不仅是工作的原则，也是人生的原则。成功的优秀人士大都是这样的人：高度责任心；工作态度表里如一，一丝不苟；永远抱有激情。他们的成功，是一种透明的成功，没有半点虚假，没有半点水分。

在日常工作中，态度决定一个人的工作效益。微软总裁比尔·盖茨认为，评价一个人做事的好坏，在工作中是否能够做到尽职尽责和尽善尽美，只有看他工作时的精神和态度即可。的确，如果一个人工作起来尽职尽责，他的工作效益就会提高，相反，如果做起事来拖拖拉拉，怕苦怕累，就会对工作提不起兴趣，工作效率自然就会降低。

诺贝尔奖获得者爱德华·亚皮尔顿曾经说过这样一句话：“我认为，一个人要想在科学研究上有所成就的话，热忱的态度远比专业知识来得重要。”同样，一个人要想在工作中取得成就，负责的态度，要比能力更加重要。

一个人无论能力高低，岗位大小，只有以一种负责的态度积极投入到工作中去，就能够做好本职工作。相反，如果失去了责任，任何伟大的工程或事业都很难取得成功；如果失去了责任，那么，我们也很难在职场中立足和成长，更不会拥有成功的事业和充实的人生。因为，一个没有责任的员工不可能始终如一高质量地完成自己的工作,更不可能做出创造性的业绩。

而那些对工作和自己的行为百分之百负责的员工,他们更愿意花时间去研究各种机会和可能性,更值得信赖,也因此能获得比别人更多的尊敬。与此同时,他也获得了掌控自己命运的能力。

也许,你只是一名普通的员工,能力也没有过人之处,但只要你认真负责,你的工作一定会非常出色,个人价值一定会得到升华。优秀的人往往只是比别人多承担了一份责任而已。然而,这一份责任,却往往要胜过多份智慧。

世界上没有做不好的工作,只有不负责任的人。要做好自己的工作不妨从以下几点入手:

第一,带着使命感去工作。

每个人都会有使命感,因为使命感来自于兴趣以及义务感。兴趣是人的一种“内在激励”,它可以更持久、更有效。把工作当成一个兴趣,就能让责任与兴趣相伴。所以,找到自己的兴趣,是做好工作的重要步骤。如果一个人对自己的工作无法培养出兴趣,就应该将时间用在寻找感兴趣的工作上。

义务感也是使命感的一个来源,是一个人走向成熟的标志。一个人有了义务感,就意味着他不会将成功当成是天上掉馅饼的白日梦,也不会指望免费的午餐。付出才能得到回报,才会有收获。

第二,把自己当成是重要的人,主动做事,不要置身事外。

当我们以“这不是我的职责”、“老板没要求我去做”等类似的理由去推卸责任时,就是把自己置身于事外,缺少做事情的主动性。我们应该抱着“公司的事就是自己的事”的工作信念,为公司的发展着想。

无论自己的位置是高还是低,都要学会做好自己的事情。如果你是公司的一名普通的管理员,当发现货物清单上有一个看似与自己职责无关的错误时,也要勇于指正。否则,一旦酿成大错,到时候自己也摆脱不了干系。

第三,学会马上行动,不去坐等问题的解决。

不要有“再说吧”的口头禅，也不要抱有“等着瞧”的态度去工作。在工作中，消极的行为必然会给工作带来消极的结果。学会马上行动，就是用积极的心态去工作，迎接挑战。那些有成就的人都是积极的参与者，而不是旁观者。

第四，学会为团队着想，为团队解决问题。

一个公司有不同的部门，财务部、销售部、制造部等不同的分支机构必须齐心协力才能使公司更好地前进。为公司的整体利益着想，就是可以通过部门间的合作来解决存在的问题。在同一部门中，学会精诚团结，在不同的部门中，学会沟通协调，积极主动地为团队做事。

第五，不能逃避问题，要学会积极面对。

逃避问题和回避问题并不能解决问题。成功者永远都在以一种积极的心态去看待问题。他们不像某些人，在还没有行动之前，就给自己做了假定——这件事情我做不好。积极面对，才能去承担责任，才能有解决问题的勇气。当一个人给自己设置了太多限制时，再大的能力也施展不出来。

没有做不好的工作，只有不愿意负责、不愿意做好的人。无数成功者的故事告诉我们，积极主动的人，总能在工作中承担更多的责任，主动去解决问题。有一颗责任心，就能在责任感的驱使下去行动、去改变、去提升自我。公司喜欢忙碌踏实的人，更喜欢那些认真负责的人。带着责任感去做事，永远都会有新的收获。

工作中责任无处不在，无论大事小事，我们都要全身心地投入，满怀责任感去完成它。其实，一名有责任感的员工，只要每天用心多一点儿，承担的责任多一点儿，就可以在平凡的工作中作出不平凡的成绩，就可以成长为不平凡的人、出类拔萃的人、富有的人和成功的人！

2.

## 责任是落实的灵魂

作为企业的一名员工，我们要以高度的责任感把工作落实到位。“今天工作不努力，明天努力找工作”，这绝不是一句空话，也不是危言耸听，我们要以主人翁的精神，与企业同呼吸，共命运，始终以负责任的态度对待工作中的人和事，在专业知识学习上“精一、会二、学三，”与时俱进，开拓创新，做一名新时代的技术型员工，或许你的工作能力或业务技术比不上别人，但你的责任心不能低于别人。作为一名员工，我们深知企业靠我发展，我靠企业生存，我们肩负着企业发展的重任，我们是企业的未来。这就要求我们做好每一天的工作。

伊利集团总裁潘刚说：“责任也是一种能力。”有责任心的员工，就能将工作真真正正落到实处。最重要的是，责任是由具体岗位或职务上的人来落实的，为了保证工作任务能落实好，就必须把那些需要落实的工作科学地分配到相关员工的身上。

责任是落实的灵魂。这是一种态度，一种智慧，也是一种取之不竭，用之不尽的力量。增强落实力，就是要加强责任意识，就是要树立一种敢作敢为的作风！

责任在肩，我们无可推卸；责任在心，我们要身体力行！我们公司的良好发展，需要责任心强的人，我们公司的兴旺发达，需要敢于负起责任的人。

一天，某公司接待处小阮接到一个外地的客户的电话。经过查询公司资料，她发现今天并没有这样一位客户要来公司的预约记录，小阮便询问对方是谁发出的邀请函。客户答道：“好像是营销部。”小阮听后又进行查找，确实是有这件事，但是客户名字并不相符。

小阮把情况告知客户，又打电话给营销部，重新核对了客户名字。原来是营销部的人写错了客户的姓名。核实清楚后，小阮马上联系工作人员去火车站接客户。她同时告知客户，接站人员会做个接客牌，并将客人名字打到上面。客户表示清楚了。

挂机后，小阮又联系车队，告之其车次及抵达时间，并交代接车事宜。然后，小阮通知服务中心打印一张接车牌，放至总台，交给车队司机，并一再叮嘱，由于车队司机与客人的语言障碍，有关费用问题，一定要等到客人到店由接待员负责向客人解释收取。

一切安排妥当后，小阮方才下班，这时已经是晚上8点。临走时，小阮将联系电话交给中班接班人，把一切都交代得很清楚。

次日上班，小阮便联系到客户，询问他："一切可否顺利？"客户笑着说："一切都很顺利，太谢谢你了！"

只有每个人都把自己当成公司的一个窗口，主动去落实责任，充分发挥"第一责任人"的意识，才能实现个人利益与公司利益的"共赢"，才能在日益激烈的市场搏杀中立于不败之地。

个人落实力的强弱取决于两个要素，即个人能力和工作态度。能力是基础，态度是关键。所以，我们要想提升落实力，一方面是要通过加强学习和实践锻炼来增强自身素质，而更重要的则是要端正工作态度，增强责任心！

呼和浩特铁路局包头车辆段，在宽大的车间里，有上千个火车车轮，它们都是"患病"在这里检修的。全国劳动模范刘怀玉手拿小手电筒、标尺在车轮间摸索着，专注的神态，像是寻找着掉在地上的一根针。

刘怀玉是轮对检查员。在货车车辆检修中，轮对选配是个单调枯燥的活儿,每天都要重复上百次的检查测量轮对工艺尺寸,有的尺寸限度只有0.5毫米,稍不留神就会出差错。为了克服这一难题,他就随身带一个小手电筒,每次配轮都要照着标志牌一一核对,只要发现不符合标准的,他就严格按照要求,对轮对加工返修。几十年来,经他检查、测量、选配的轮对有40多万条,无任何一起责任行车事故发生。

工友们说,只要刘师傅在,他们的心里一下子就踏实了。这些年,刘师傅每天坚持第一个进段、第一个到岗、最后一个离岗,不为别的,就是为了能有充足的时间检查量具,做好上岗前的准备工作;就是为了下班前看看工作场所的风、水、电、气开关和阀门是不是关好了,有没有跑、冒、滴、漏现象。

刘怀玉最喜欢的一句话就是"活到老学到老"。从走上岗位的第一天起,就坚定一个信念:做一名有知识的工人。为了练就过硬的业务本领,他潜心钻研、认真攻读各种业务书籍,每天晚上给自己规定必须要背会20道业务题才能睡觉。遇到棘手的技术问题,就查找专业资料,就向老师傅们请教。

过去,车间换下来的废旧配件和材料扔得到处都是,既影响生产又不安全。刘怀玉就利用午休时间,一个人悄悄地把场地的配件收拾整理好,然后再把下午用的配件材料一车车推到岗位上,摆放整齐。每天工作之余,他还把别人用完扔掉的布头捡回来,洗洗接着用;地上有丢弃的废旧配件,也随手捡起来,放进废品堆里。看到每天划标记用剩的粉笔头扔掉可惜,他就用铁片做个粉笔夹夹着用。多年来,刘怀玉累计义务献工17000多个小时,相当于多干了两年的活儿,而且收旧利废为段里节支降耗20多万元。

责任是光荣的,也是艰巨的。我们不能满足于以往的成就,而要百尺竿头更进一步;我们不能沉溺于昨夜消逝的海滩,而要笑傲于明天新潮的彼岸!

把责任放在心中，从点点滴滴做起；把责任放在心中，从诚信敬业做起；把责任放在心中，从不讲任何借口做起！这样，落实力就会加强，随之而来的就是更大的效益。

把责任铺满心扉，用心血浇铸，一个个强大的落实力就会顶天立地，一项项事业就会充满辉煌。

一切工作任务都需要通过具体的人和具体的岗位来体现。所以，要想任务落实好，就需要做到责任具体到合适的人。

责任是落实的灵魂。我们只要找到能够完美落实责任的人，并把他安放在相应的岗位上，就能确保责任落实到位。

## 3. 有高度的责任心，才有高强的落实力

高强的落实力是决定企业成败的一个重要因素，也是21世纪形成企业竞争力的重要一环。在激烈的市场竞争中，一个企业的落实力如何，将直接决定这个企业的兴衰。而责任心是人的一种潜在动力，在高效落实中扮演着重要角色。

有高度的责任心才有高强的落实力，只有我们每个人具备了高度的责任心，才能使自己的落实力提高，才能使整体的落实力得到提升。这才是提高企业落实力的关键！

一位著名的企业家说："当我们的公司遭遇到前所未有的危机时，我突然不知道什么叫害怕了，我知道必须依靠我的智慧和勇气去战胜它，因为在我的身后还有那么多人，可能就因为我的胆怯，他们会从此倒下。我不能让他们倒下，这是我的责任。当我走出困境时，我明白了一个道理，唯有责任，才能让你超越懦弱，坚强起来。"

落实力是靠高度的责任心干出来的，是靠开拓创新闯出来的，是靠脚踏实地的工作拼出来的。只要我们责任心强，无论组织上安排到哪个岗位，落实力也会强，工作也能认真负责，细小事情也能干出一番成绩来；如果责任心不强，就会产生诸多问题。因此，必须要调整好心态，才能够扎实有效履行好自己的职责。

在一次海难事件中，幸存的八个人挤在同一只救生艇上，六名是这艘船的水手，一名是船长，一名是搭载顺风船的年轻人。他们在海上漂荡到第四天的时候，所有的食物都吃完了，仅剩下半瓶矿泉水。每个人都死死地盯着那半瓶矿泉水，都想立即把它喝下去。而为了能够保证大家都存活下来，船长不得不拿着一杆长枪看着这半瓶矿泉水。

坐在船长对面的那个搭载顺风船的年轻人也死死盯着那半瓶矿泉水，随时准备扑上去喝掉那仅剩的救命水。

就在船长打盹的一瞬间，这个年轻人猛然扑上去，夺过矿泉水就要喝。被惊醒的船长拿起长枪，用枪管抵着年轻人的脑门命令道："放下，否则我开枪了！"年轻人只好把水放下。船长把枪管搭在矿泉水的瓶盖上，盯着坐在对面的年轻人，而年轻人仍然目不转睛地盯着那决定众人命运的半瓶水。

双方就这样对峙着。后来，船长实在顶不住，快要昏过去了。就在他将要昏过去的一瞬间，他把枪扔到了年轻人的手里，并且说了一句："你好好看着吧！"

枪一到年轻人手里，他先是一愣，接下来就明白是怎么回事了。接下来的两天里，他尽心尽力地看着那剩下的半瓶水，每隔一段时间，他都会往每人嘴里滴几滴水。到第六天他们获救时，那瓶救命的水居然还剩下一点点。他们八人把这剩下的一点儿水命名为"圣水"。

通过这次事件后，这位年轻人的生活发生了很大变化。他在自己的工作中总是坚持"落实到最后"的信念，多年之后，曾经拼命去抢那半瓶矿泉水的年轻人已经成为华尔街某财团的总裁了。

正是在船长晕过去的那一刻，年轻人明白了责任的意义：如果自己把那半瓶矿泉水喝掉，那么其他七个人可能会立刻死去，自己也不见得会有什么好的结果。七个人的性命一下子就握在了他的手中，责任心促使他不但没有喝掉那半瓶矿泉水，反而承担起了保护这仅有的半瓶矿泉水的责任。

也正是因为有了这份责任心，使本来普通的年轻人从平凡的岗位中认识到了自身的重要性以及自己岗位的重要性。在后来的人生路上，他全力以赴地去完成自己该做的每一件事，就是凭着这样的责任心和这样的一种习惯，最后他才赢得了成功。

提高落实力，就是要加强人的落实能力。在这其中，人的因素是最重要的。高强的落实力不依赖工作经验的多寡，它依靠的是每个人对制度、计划的不折不扣地贯彻执行。而这种贯彻执行最终还得靠每个人的责任心。

一天晚上九点多的时候，忙了一天的两位老师赶回宿舍，打开空调，房间一下子黑了下来，断电了！由于环境不熟，两位老师找不到电源，更谈不上维修。怎么办？找人修吧，这么晚了，找谁呀，再说也不认识谁，还是早点休息吧！房间闷热，本来就不适应南方气候的两位老师一会儿就大汗淋漓了。打开窗子通通风吧，飞来飞去的蚊子着实让人心烦。处于困境中的两位老师经过反复斟酌，拨通了校区主任的电话。校区主任十分热情，一再说："不要客气，有事就该早打电话，为师生服务是我们的责任，我马上安排！"

几分钟后，后勤维修部的李主任就赶来了。隔着门，李主任说道："两位老师别急，我们马上就会修好的！"当这两位教师向李主任表示歉意时，李主任说："你们是教授，是学校引进的人才，为你们服务是我们的责任。”正说着，维修工人老易一瘸一拐上来了。原来，老易下午扭了脚，看到这情形，两位老师越发不好意思了，他们忙向老易表达了真诚的谢意。老易却说：“我的责任是维修，不管什么时候，为师生服务都是我的责任。”

电接通了，送走李主任和老易已是夜里十一点了。躺在凉爽的床上，两位老师感慨万千。谁说人生地不熟？谁说求人事难办？他们不是就从现实中感受到了这种难得的真情和踏实的责任心吗！责任心，是人生境界的凝练与升华，是可以化作万千实际行动、铸就无限辉煌的巨大力量！

有高度的责任心才有高强的落实力。没有责任心，落实力根本无从谈起，落实力是责任心的体现和最终落脚点，两者共同构成了优秀员工立足岗位、奉献企业的重要素质和能力。

在落实的过程中，对责任的尊重是至关重要的。责任是贯穿整个行动计划的关键，只有每个成员都担负起责任并完成自身任务，才能保证整体行动地顺利进行。每一位执行者都应该意识到自己的责任，并坚定不移、不遗余力地去落实，这样才能确保总体任务圆满完成。

## 4. 不负责任的落实，没有任何意义

责任关键在于落实。不负责任的落实，一切都是空谈，没有任何意义。

相对而言，不负责任的落实其实就是无效落实，就等于不负责任。无论我们作为一名普普通通的员工还是一名出色的管理者，都必须消灭这种无效落实。因为，这种无效落实不仅会使工作者白做无用功，而且还会给企业带来不可估量的损失。

工作中，在很多地方，我们都可以看到各种各样的责任。但是，很多时候，这些责任仅仅是说给别人听，抑或只停留在表面，并没有真正落实到实际工作中。我们总是强调知行合一，但人们往往是知而不行，或是因不知而不行。

我们必须要明白，要想开展好一项工作，完成好一项任务，仅仅是落实还不够，负责任的落实才是关键。“负责任”与“抓落实”两者要相辅相成，一个都不能少。开展一项新的工作，有一些宣传口号和标语是必要的，也是无可非议的。但是，作为做好工作的另一方面，在做好宣传工作的同时，更重要的是要负责任的落实，而不只是夸夸其谈，做一些表面性的工作。负责任的落实才算真正落实，而不负责任的落实没有任何实际意义。

一天，动物园管理员发现袋鼠从笼子里跑出来了，于是就开会讨论。大家一致认为是笼子的高度过低，所以他们决定将笼子的高度由原来的 10 米加到 20 米。但是，第二天他们发现袋鼠还是跑到外面来，所以他们又决定再将高度加到 30 米。没想到隔天袋鼠居然全跑到外面。于是，管理员们大为紧张，决定一不做二不休，将笼子的高度加到 100 米。

又一天，长颈鹿和几只袋鼠闲聊。长颈鹿问：“你们看，这些人会不会继续加高你们的笼子？”“很难说，”袋鼠说，“如果他们继续忘记关门的话！”

这些管理员看起来很负责任，而实际上，他们却是非常地不负责任。他们就是犯了“找不到自己的根本责任”的毛病，没有落实最基本的责任——关门，从而使袋鼠一而再、再而三地跑了出去。

在现实生活中，容不得半点儿不负责任，任何人在工作中的一丁点儿不负责任，都有可能导致整个企业蒙受巨大的损失。

不管责任是大还是小，只要是不负责任的落实，没有任何意义。没有把责任落到实处的原因大致有两种：一种是责任心的缺失而导致只是表面的落实；二是没有找到自己要落实的根本责任，虽然也做了不少工作却没有抓住要点，得到的自然也是无效的落实。

在一个企业中，我们可以看到形形色色的员工：有的积极进取；有的悠闲自在；有的得过且过。能否将责任落到实处决定着你的工作成绩。我们不能保证落实一定能成功，但是，我们可以保证成功的人一定将责任落到了实处。

王蕊、郭强和陈超是同时进入公司的新人。

王蕊一直都信奉得过且过、只要完成分内之事的做事原则。她每天都按时上下班，职责之外的事情一概不理，只做好分内之事，虽然没有犯什么错误，同样也没取得什么成绩。她的口头禅是："干吗那么负责？那么拼命？大家不同样拿薪水吗？"

郭强是一位悲观失望者，总是牢骚满腔，一遇到问题就怨天尤人，认为自己完成不了工作，都是由于工作环境不如意造成的。其实，他也是一个有优秀潜质的人，但常为自己的发展制造障碍，认为自己什么都不行，什么都干不好，使自身的潜能无法发挥，整天生活在负面情绪中，完全享受不到工作的乐趣。

陈超与王蕊、郭强不一样，他的工作态度总是负责任的，他总能将自己的责任落到实处，而不是像王蕊、郭强他们那样不负责任地落实，仅仅只是为了混口饭吃。在公司里，总是可以看到陈超忙碌的身影，他尽职尽责地投入到工作中，努力创造超乎常人的业绩。他总是积极主动地寻求解决问题的办法，即使在项目受到挫折的情况下也不失去希望。同事们都喜欢和他接触，他整天忙忙碌碌，而且可以高效地完成工作，时刻享受工作的乐趣。

一年后，王蕊仍然做她的秘书工作，老板对她几乎没什么印象。一年一度的大学生应聘潮又开始了，老板开始关注起相关的简历，也许，新鲜的血液很快就会补充进来。

在公司里，人们已经很长时间没有看到郭强了，经济不景气，公司裁员，部门经理首先就想到了他。经济环境不好，公司更需要增创业绩，郭强却只会应付老板，对自己的工作责任没有真正落实。第一轮裁员刚刚开始，郭强就接到了解聘函……

而陈超还是那么负责任的落实每一项工作，他已经从销售员的办公区搬走了，搬进了销售经理的办公室。

王蕊、郭强、陈超三人，一个面临失业的危险，一个已经被解聘，一个得到晋升。这并不是说得到晋升的陈超比郭强、王蕊在能力上更强，而是对工作不同的态度导致了不同的结果。尤其在一些人人都可以胜任的职位上，许多人都可以代替你，能为自己的工作表现增加砝码的也就只有负责任的落实工作了。这时，落实能力也是你区别于他人，使自己变得重要的能力。

实际上，无论你所在的企业是好还是坏，你都能有所作为。有的老板可能对员工的工作设置障碍，或者不能充分赏识和鼓励，或对员工的出色表现视而不见，也有一些老板愿意对员工进行培训，提高他们的业绩，并给予鼓励。但是，不管环境的利弊，最终，负责任的落实工作态度和卓越的工作表现，会使你在负责任的落实中有所收获。

不负责任的落实，没有任何意义。事实上，负责任地落实，就是把决策付诸行动，让组织中的每个成员都尽到自己的责任，进而取得预期的效果。简单而言，落实责任就是把嘴上说的、纸上写的，贯彻到实际行动中，达到预期的目标。

如果是不负责任地落实，会让员工对工作有所懈怠，从而导致工作不积极，企业效益下降等不良现象。

真正落实的关键在于责任，落实的成效在于结果。所以，真正的落实不仅要看行动，更要看结果。任何口号、目标、倡议等都不是落实。任何一个伟大的决策或目标，在转化成具体行动之前都是没有任何意义可言的。

5.

# 责任到位，才能落实到位

优秀的企业之所以优秀必然有其优秀的原因。如今，很多优秀企业的成功正是得益于其对责任完美的落实。满街的咖啡店，星巴克可以算得上是一枝独秀；同时做 PC 机，戴尔却遥遥领先；都是做超市，沃尔玛在零售业一直都保持在前列。各家便利店的咖啡店战略大致相同，但绩效大不相同，道理何在？关键在于落实到位。

现在市场竞争日趋激烈，每一项工作都需要我们不折不扣地完成，这就需要你不计时间和地点，不因任何困难而退缩地去落实。但是，若想落实到位，前提是要把责任放在第一位。只有责任到位，才能落实到位。

责任到位，才能落实到位。无论在任何时候，我们都应该尽自己最大的努力去落实。无论身处怎样的境遇，遭遇怎样的困难，都不要寻找借口，都不要放弃行动。只有责任到位，才能责无旁贷地承担起任务，才能想方设法，尽一切可能，保证执行到位。

夏文应聘到一家广告公司，上班的第一天，老板交给他一项任务，一家知名企业做一个广告策划：这是他进入公司以来老板亲自交代的一项工作，因此他不敢怠慢，认认真真地搞了两周。

两周后，他拿着策划走进了老板的办公室，恭恭敬敬地放在老板的办公桌上。可是，老板看都没有看一眼，只说了一句话：“这是你能做的最好的策划吗？”年轻的夏文愣住了，没敢回答，老板见状便把策划推给了夏文。

夏文什么也没有说，拿起策划，回到了自己的办公室。

夏文认真地做了修改，再拿给老板看，但老板还是那句话：“这是你做的最好的策划吗？”夏文心中忐忑不安，不敢给予肯定的答复，于是又拿回去修改。

如此反复了五六次，最后一次的时候，夏文自信地对老板说："这是我认为最好的策划。"老板笑着说："好，这个策划通过。"

从这以后，夏文明白了这样一个道理：只有责任到位，才能落实到位，工作才能做到位。因此在以后的工作中他经常自己问自己："这是我能做的最好的策划吗？"他在工作中积极主动，不断追求进步，很快便成为公司中不可少的一份子。老板对他的工作表现也很满意。现在夏文已经成为公司的部门主管了。

在很多企业中，让老板头疼的就是员工不把责任摆在第一位，对布置的工作不积极努力地去做，按质按量地去完成，而只是做一些表面文章。这些员工总是轻视日常事务，基础工作不踏实、不完善，审核前实行突击战略，只做表面文章，应付了事。对于这种"敷衍"的工作作风，实际效果可想而知。

责任到位，这是质量能够得到保证的关键。如果员工责任到位，能认真负责并落实到位，那么员工必定是优秀的员工，员工所在的企业也必定是优秀的企业。员工只有责无旁贷地承担起任务，全力以赴，才能想尽办法完成任务。否则，员工的责任意识变得淡薄了，就会出现工作不认真、不积极的情况，工作又怎能落实到位呢？

刘宇是一家公司的职员，大学毕业后，在求职上并没有费多少周折，就顺利地进入了一家著名的跨国公司，因为她精明能干、善解人意，很受老板的赏识。进公司没有多久，她就由普通员工被提拔为经理助理。为此，她工作更加敬业，每天的工作都帮老板安排得井井有条，和同事关系处理得也很好，单位的同事们都很友好地待她。

刘宇在这里的工作用她自己的话说是得心应手，心情也很舒畅。在这家公司里，与她同一届毕业的同学当中，她是做得最好的。所以，难免会有同学打电话来询问她一些关于工作上的事情。

每当接到电话，刘宇就积极地帮助他人出谋划策，帮他们解决很多工作上遇到的问题。这样一来，她就无法把精力集中到工作上了，经理也批评过她，说："你做这些虽然帮了同事、同学，甚至对提高公司其他人员的工作能力都起到了非常好的作用，可这些事对你来说都是工作以外的事情，上班期间做与工作无关的事情迟早会毁了你。"

但刘宇依然如故，每天还是忙忙碌碌的，热心地做着她的很多分外事。

有一次，总部的老板打电话过来，结果电话一直占线，而这一次老板的电话是通知刘宇的经理：有个重要的合同要与他协商。结果，老板一直等了半个多小时，才把电话打进来。了解电话占线不是因为刘宇的经理在洽谈别的生意，而是刘宇接了一个电话，正在热心地帮助别人，做那些无效的工作，老板一句话没说就把电话挂了。

直到有一天，正当刘宇在修改一份公司报告时，老板从总部发过来一份传真："你很努力，但是你责任不到位，上班期间做工作以外的事情就是对工作不负责。我希望下次见到的不是刘宇，而是一个责任到位、落实到位、工作做到位的员工。"

在企业中，一个责任感匮乏，不视企业的利益为自己的利益，不会处处为企业着想的员工，被企业解聘是迟早的事。

在任何时候，责任感对每一个人都不可或缺。我们要将责任感根植于内心，让它成为我们脑海中一种强烈的意识。在日常行为和工作中，这种责任意识会让我们表现得更加卓越。

一个责任不到位的员工，怎么能把工作落实好？没有弄清楚自己的责任何来承担责任的意识？只有认清自己的责任，更好地承担责任，将责任到位，才能明白自己能够做什么，然后才知道如何去做，最后再去想怎样做得更好，落实到位。

有三个人到一家建筑公司应聘设计师，经过一轮又一轮的考试，最后他们从众多的求职者当中脱颖而出。他们听到了公司人力资源部经理对他们说了一句“恭喜你们”，然后就被带到了一处工地。

工地上乱七八糟地摆放着三堆红砖。人力资源部经理要求他们，将散落的红砖整齐地摆成一个方形，然后三个人用疑惑的目光目送他离开。

甲对乙说：“都已经被录取了，还来这个破工地干什么啊？”

乙对丙说：“经理是不是昏头了，我又没有应聘这个岗位？”

丙说：“别问原因了，既然带我们来这里，肯定就有他的理由。”然后就干起活儿来。

甲和乙也只好跟着干起来。只是干了一小会儿，甲和乙就开始放缓了速度。甲说：“我们歇会儿吧。反正经理已经不在了。”乙跟着停下来，丙却一直保持着同样的节奏。人力资源部经理回来的时候，丙只差十几块砖就全部码齐了，而甲和乙只完成了1/3的工作量。

经理对他们说：“现在到下班时间了，下午接着干。”

回到公司，人力资源部经理郑重地对他们说：“这次公司只聘任一位设计师，获得这一职位的是丙。甲和乙为什么落选，你们想想在工地上的表现就知道答案了。作为最后一次考试的监考官，我在远处看得清清楚楚。”

甲和乙之所以落聘，是因为他们责任不到位，对待工作一味拖拉，认为经理不在就想偷懒。而丙一直都在坚持责任到位，能立即展开经理部署的工作，而且在整个工作过程中，表现始终都很尽职尽责，尤其是到了下班时间，还要坚持完成工作。丙表现出来对待工作认真负责的精神，每个公司都希望得到这样的员工。

这个社会上的大多数成功者，他们之所以成功，不是因为他们有许多新奇的想法，而是因为他们始终把责任摆在第一位。他们都有一个最大的特点——无条件落实自己的责任！

在现代老板的眼中，责任感是未来成功人士必备的人格特质，是赢得老板信任的关键。进入职场后，也许你所面对的只是一些简单的或艰苦而单调的工作，你可能对这些工作毫无兴趣。然而，这正是考验责任感的时刻。

落实要到位，首先责任要到位。责任不到位，落实必定缺位。责任到位才是对落实到位产生作用的真正力量。只有责任到位，我们的单位和企业才能更加欣欣向荣；只有责任到位，企业战略才能不断向前推进；只有责任到位，个人的潜力才能得到激发；只有责任到位，才能落实到位，工作才会更到位！

## 6. 把责任落实到每一个工作的细节

在工作中有很多人往往不能尽职尽责，不能把责任落实到每一个工作的细节，只用“足够了”、“差不多了”等来搪塞了事。而正是因为他们没有把根基打牢，没有注重细节，所以过不了多久，他们的工作便会像一所不牢固的房屋一样倒塌。事实上，很多时候轻率和疏忽所造成的祸患不相上下。以积极的心态去做事，可以让你把责任落实到每一个工作细节，而且可以让你逐步胜任其他更重要的工作。

把责任落实到每一个工作细节，就是要你把任何事情都做得精益求精，否则你就只能被淘汰。成功往往与精确的行动有关，那些粗糙的行为只能导致很高的错误率。凡是成功者，在工作中，都有追求精确的精神。

窦铁成凭借刻苦学习和钻研在中铁一局电务公司从一名普通的工人成为高级技师，为企业节约和创造价值1380万元，并为培养出40多名工人技师、高级技师，被大家尊称为“工人教授”。他先后被评为铁道部劳模、两次获得全国铁路火车头奖章，被中铁一局职工称为“金牌工人”，成为职工学习的榜样。严谨细致、精益求精的扎实作风也是窦铁成从平凡的岗位上成就卓越的一个重要因素。

2006年7月，窦铁成参加了浙赣铁路铁杉铺牵引变电所的施工。这是浙赣铁路规模最大、技术含量最高的一座变电所。变电所变压器安装时，窦铁成和工友们干了4个多小时，两台50吨重的变压器终于就位。就在大家要收工时，窦铁成发现机身离标准还差1厘米。项目负责人说：“差不多了行了吧……”窦铁成却说：“不是差不多，是一点都不能差！”他领着大家又干了两个多小时，直到机身完全到位才收手。

世界上的事就怕认真，而窦铁成在每一项工作上都是这个态度。他负责安装过的38个铁路、公路变配电所，全部一次性通过验收，一次性送电成功，全部被评为优质工程。他说，“干工程，一点也不能差，差一点都不行。”“工程质量好不好，外观美不美，反映的是人的素质。”

窦铁成工作起来以身作则，也严格要求别人，对身边的徒弟要求可谓苛刻，甚至近乎不讲情面。他的口头禅是：“看标准规范怎么说？拿规范说话！”

一次，窦铁成到青岔变电所检查，发现地沟里有一条施工时留下的草绳。按规定，地沟里不允许遗留杂物。年轻的所长马上向他承认了错误，而心中却暗存一丝侥幸，希望他能看在师徒份儿上网开一面。窦铁成毫不客气地说：“工程其他方面做得都挺好，可地沟里有杂物就是违反了规定。你是我徒弟，执行制度就是要从你开始。我只能得罪你了！”

从此，徒弟们人人工作都不敢有丝毫懈怠，全部自觉地执行标准，不放松每一个细节，再也没有出过任何偏差。

把责任落实到工作的每一个细节的员工都会将小事看得与大事同等重要，认真对待工作中的每一个细节，努力将小事做好，因而他们也更容易取得成功。

在职场中，想做大事的员工不少，这类员工总觉得只有做大事才能体现自己的能力，才会使自己显得风光无限。具体到一项计划，他们总是想做那些表面上风光的事情，因此在对待一些工作细节的时候，就马马虎虎、敷衍了事。

事实上，每一项计划都是由很多细小的工作具体组成的，而任何一项细小的工作又都是由很多细节组成的。落实一项计划时，只有先做好那些细小的工作，做好每一处细节，才会获得好的绩效。

朴春生是锦西炼化的机泵维护专家，他爱“较真儿”也是出了名的，无论是多小的零件或多小的问题，他都得研究个透，设备运转和工作制度，都要一丝不苟地执行。

厂里的蒸馏装置的机泵90%以上都在高温状态下运行，机泵冷却系统的橡胶密封圈在高温下极易老化而失去密封作用，经常出现泵盖冷却水泄漏问题。要进行修复，就必须对设备全部解体，可机泵大多数都使用波纹管密封技术，每次检修都要更换波纹管密封件。这对朴春生而言是个心病——他不能允许有这样的瑕疵存在。

经过反复研究，朴春生提出把泵盖做改动，用耐热巴金垫替换橡胶圈。机泵厂家的专业设计人员拿到朴春生的改动方案后，惊奇地说：“你们锦西炼化真是有高人，这个设计完全可以报专利。”按照朴春生的设计，厂家生产的新泵很好地解决了冷却水泄漏的问题。可新的问题又来了，如果全部更换新泵，那企业花的钱将不是几万、几十万元的小数目。朴春生再次挑起重任，很快，他又拿出在原泵盖上进行改造的方案。他先把泵盖进行堆焊，然后再进行车削加工，这种改造既经济又实用，很快就应用到同类型的所有机泵上。

朴春生对设备有严谨细致的管理办法。他把每个装置的设备都作了一本账，每台设备都设一张卡，通过这一账一卡随时就能查出每台机泵的修理次数和故障原因，有了这个“病历”，维修人员很容易就能对症施治。

对设备如此，对人也一样。朴春生当了维修一班班长后，他的较真儿劲儿又用到班组管理上。他接手这个班的时候正是企业重组改制初期，班组成员大都是20多岁、思想活跃的年轻人，维护经验少，维护水平低就成了这个班组最大的难题。

朴春生打出的第一拳是加强劳动纪律。他推出十条规定和经济考核细则，以身作则，对违反纪律的班员该罚多少就罚多少，一点也不手软，一点也不讲情面。第二拳是实行工时制，改变过去干多干少一个样的局面，充分体现多劳多得的分配原则。在维修车间实行工时制，朴春生可算是锦西炼化第一人。第三拳是强化学习制度，建立学习室，只要有时间，就给班员灌输业务知识。工作中，有意给年轻人压担子，逼着年轻人多学技术。三拳打出，班组的工作效率、整体素质和设备维护水平有了很大提高，成了维修车间最过硬的班组。

朴春生说：“干什么事都得要有个认真劲儿，认真做了才会有收益。”就是凭这股较真儿劲儿，他自己连同所带领的团队凭着严谨细致的作风出色地完成了一个又一个任务，本人也成了全国劳模，多次被评为锦西炼化优秀党员。

一个优秀的员工，总是把责任落实到工作的每一个细节。这些员工对细节的关注，也总能让客户感到满意和舒心。他们的优秀不是天生的，而是从重视工作中的每一个细节获得的。

周杰是一个不允许工作中有瑕疵存在的人。他是江苏京沪高速公路有限公司宝应收费站的一名普通水电工，一个原本只有高中文化的人，能成为一名拥有本科学历和国家知识产品专利证书的高级工、全国五一劳动奖章的获得者，其信念和作为可见不凡。仅从如下一例就能透见周杰的做事风格：

2001年，周杰发现站里的三项用电有用功上不去，每个月都要被罚几百块钱。对这种事情，一般人通常睁一只眼闭一只眼也就过去了，就像有人所说的："反正电是公家的，钱多钱少也不要你来负担，你自己进行调整不是自找麻烦吗？"但周杰却不这么认为。

在他看来，事情虽小，然而大事业都是由很多具体的小事组成的，正如再复杂的机械也是由一个个基本零件构成，小问题假以时日也会有足够影响，而小改善积累起来则也会成效显著。解决一个个别人不在意的小问题，不但是自己能做到的，也是应该做到的，它具体体现了一个人的价值。

经过反复钻研实验，一个个问题在他手里得到了改进。

他的成果远不止这些。通过他的研制和改造，收费站的用电有用功率达到了90%以上，比原来提高了60%左右；他为站里研制安装了节电设备，使站里的用电量与往年同期相比节约20%；他研制成功并获得了国家知识产权局颁发的产品专利证书的一种具备声、光、电话语音三种报警功能的高速公路电缆防盗报警器，自2006年在京沪江苏段推广以来，已成功制止40余起偷盗电缆事件，为国家避免经济损失近百万元……

我们要想成就卓越，就必须从注重细节开始。密斯·凡·德罗是20世纪世界最伟大的建筑师之一，当被要求用一句话来描述他成功的原因时，他只说了六个字："魔鬼在细节中。"为什么说细节会成为魔鬼的栖身之地呢？因为生命中的大事皆由小事累积而成，没有细节的落实，也就没有成功可言。人们如果忽略了细节和小事的存在，就会让魔鬼有机可乘。海尔总裁张瑞敏说："把每一件简单的事做好就是不简单，把每一件平凡的事做好就是不平凡。”

细节决定成败。左右我们职场成败的，不是我们做了什么大事，而取决于我们有没有把小事做好。小事成就大事，细节成就完美。细微之处没有尽心尽力地处理好，工作整体就会受到影响。在每个环节上差一点，最终结果往往就是差好大一截。

在工作中，没有任何一件事情，小到可以被抛弃；没有任何一个细节，细到应该被忽略。我们只有把责任落实到工作中的每一个细节，才能保证不出现小责任背后的大问题。

## 7. 用高度的责任心把工作做到完美

一般来讲，公司里的员工只有具备了高度的责任心，才能把工作做到完美。

一个缺乏责任心的员工，不会视企业的利益为自己的利益，也就不会因为自己的所作所为影响到企业的利益而感到不安，更不会处处为企业着想，为企业留住忠诚的顾客，使企业有稳定的顾客群，他们总是推卸责任。这样的人在老板眼里是一个不可靠的、不可以委以重任的人，一旦伤害公司与客户的利益，老板会毫不犹豫地将其解雇掉。反之，一个具有高度责任心的员工，他不仅把自己的工作做到完美，而且还要时时刻刻为企业着想。老板也会为拥有能够如此关爱自己的企业，关注着企业发展的员工而感到骄傲，也只有这样的员工才能够得到企业的信任。

徐勇来到一家钢铁公司工作仅仅不到一个月，就发现很多炼铁的矿石并没有得到完全充分的冶炼，一些矿渣中还残留没有被冶炼好的铁。如果这样继续下去的话，公司岂不是会有很大的损失？

于是，他找到了负责这项工作的工人，跟他说明了问题，这位工人说："如果技术有了问题，工程师一定会跟我说，现在还没有哪一位工程师向我说明这个问题，说明现在没有问题。"

徐勇又找到了负责技术的工程师，对工程师说明了他看到的问题。工程师很自信地说："我们的技术是世界上一流的，怎么可能会有这样的问题。"工程师并没有把徐勇说的看成是一个很大的问题，还暗自认为，一个刚刚毕业的大学生能明白多少，不过是因为想博得别人的好感而表现自己罢了。

但是徐勇认为这是个很大的问题，于是他拿着没有冶炼好的矿石找到了公司负责技术的总工程师，他说："先生，我认为这是一块没有冶炼好的矿石，您认为呢？"

总工程师看了一眼，说："没错，年轻人，你说得对。哪里来的矿石？"

徐勇说："是我们公司的。"

"怎么会，我们公司的技术是一流的，怎么可能会有这样的问题？"总工程师很诧异。

"工程师也这么说，但事实确实如此。"徐勇坚持道。

"看来是出问题了。怎么没有人向我反映？"总工程师有些发火了。

总工程师召集负责技术的工程师来到车间，果然发现了一些冶炼并不充分的矿石。经过检查发现，原来是监测机器的某个零件出现了问题，才导致了冶炼不充分。

公司总经理知道了这件事之后，不但奖励了徐勇，而且还晋升徐勇为负责技术监督的工程师。总经理不无感慨地说："我们公司并不缺少工程师，但缺少的是具有高度责任心的工程师，这么多工程师就没有一个人发现问题，而且有人提出了问题他们还不以为然。对于一个企业来讲，人才是重要的，但是更重要的是真正有责任心的人才。”

试想一下，一个对工作没有一点责任心的人，除了自己眼前的利益，那他还会有什么？一个没有责任心的人，如何让人看得起！三天打鱼，两天晒网，无所事事，只会虚度光阴。

对待工作是用高度的责任心把它做到完美，还是敷衍了事、浑水摸鱼，做得一塌糊涂，这是事业成功者和失败者的分水岭。一个具有高度责任心的人必然是可以担当更大使命的人，一个在集体中有影响力的人。

不论我们在做什么，都应该用高度的责任心去对待工作，并尽力把它做得完美一些。只要抱着这种态度，任何人都会成功。

许多年前，在日本，一个年轻的姑娘来到一家著名的酒店当服务员。这是她涉世之初的第一份工作，她将在这里正式步入社会，迈出她人生关键的第一步。因此她意气风发，暗下决心："一定要好好干！不辜负老板的信任！”谁知在新人受训期间，老板竟然安排她洗马桶，而且工作质量要求高得骇人，必须把马桶抹得光洁如新！她当然明白“光洁如新”的含义是什么，但她不明白为什么要洗得达到“光洁如新”这一高标准的质量要求，况且她根本就不喜欢这一工作。

说实话，洗马桶她真无法忍受。当她拿着抹布伸向马桶时，胃里立马“造反”，翻江倒海，恶心得想吐却又吐不出来，令她每天战战兢兢如临深渊。为此，她心灰意冷一蹶不振，她面临着人生第一步应该怎样走下去的选择——是继续干下去，还是另谋职业？她不甘心就这样败下阵来。正在此关键时刻，同单位一位前辈及时地出现在她的面前，帮助她摆脱了困惑和苦恼，帮她迈好这人生第一步，更重要的是帮她认清了人生的路应该如何走。

这位前辈并没有用空洞理论去说教，而是言传身教，身体力行，亲自洗马桶给她看了一遍。首先，她一遍遍地抹洗着马桶，直到抹洗得光洁如新；然后，她从马桶里盛了一杯水，一饮而尽，丝毫没有勉强。

同时，前辈送给她一个含蓄、富有深意的微笑，送给她一束关注、鼓励的目光。这已经够用了，因为她早已激动得不能自持，从身体到灵魂都在震颤。她目瞪口呆，热泪盈眶，恍然大悟，这件事给她很大的启示，她明白自己的工作态度出了问题，于是她痛下决心："就算一辈子洗马桶，也要做一名洗马桶最出色的人！"

从此，她脱胎换骨成为一个全新的人，她的工作质量也达到了无可挑剔的高水准：为了检验自己的自信心，为了证实自己的工作质量，也为了强化自己的敬业心，她也多次喝过马桶里的水。她很漂亮地迈好了人生的第一步，踏上了她不断走向成功的人生之旅。

多年以后，这个当年洗马桶的姑娘成为日本政府的高官。她的一切成就都得益于她永不停顿、永不满足的创造与卓越的行动，她就是邮政大臣野田圣子！

她坚定不移的人生信念，表现为她强烈的自驱力："就算一辈子洗马桶，也要做一个洗马桶最出色的人。"这就是她成功的奥秘所在。这一点使她多年来一直奋进在成功路；这一点使她拥有了成功的人生，使她成为幸运的成功者。

不是非要每一个人都要喝马桶里的水。完美是工作和生活的态度。也许我们尽力了却未必完美，也许机遇和境地无法让你完美，但这并不重要，真正可贵的并不是你所做工作的结果，而是你所形成和表现出的踏实的职业素养和敬业精神。

责任能力是作为员工的一项最基本能力，没有责任能力，就无法顺利完成工作。但是，作为公司的一员，仅仅有责任能力是不够的，我们还必须富有高度的责任心，对工作认真负责。

一个人是否具高度的责任心，关系着他能否把工作做到完美。一个人无论能力高低，只要具有高度的责任心，能够认真负责地做好本职工作，就是企业需要的人才。

工作的完美程度与责任心相关联。因此，我们必须树立一种正确、积极的工作观，以积极、认真和负责的态度去对待自己的工作。一个人的工作态度折射着你的人生态度，而人生态度又决定你一生的成就。

# 第六章

# 处处体现责任，强烈的责任感才能让工作放心

生存在这个世界上，我们每一个人都有责任。有些责任是与生俱来的，有些责任是因为工作或朋友而产生的，这些责任是每个人推脱不掉的，因为责任无处不在。工作中处处体现责任，你的职位越高，权力越大，你肩负的责任就越重。不要害怕承担责任，要下决心，培养良好的责任感。只有具备了强烈的责任感，才能让你承担职业生涯中该负的责任，才能比别人做得更出色。

## 1.强烈的责任感，在任何岗位都使人放心

不管你做何种工作，在什么岗位，都必须具备强烈的责任感。

责任感是一个人对待工作的认识、理解和态度，是对工作岗位职责的分析、领悟、贯彻和落实。如果没有强烈的责任感，就很难做好工作，也就在任何岗位都无法使人放心。

强烈的责任感是做好一切工作的强大动力，是战胜一切困难的强大武器。有了强烈的责任感，不可能完成的任务也能够完成得相当出色。如果一个员工有强烈的责任感，不仅能够完成自己的工作，还能够时刻为企业着想。有责任感就会敬重工作，就会热爱岗位，就会忠于企业，这就是敬业的基本要素。

我们要想在自己的岗位上把工作做得使人放心，没有一点精神风格、精神境界，恐怕是很难走得远、走得实的。这种精神，不是横刀立马的勇士精神，也不需要战天斗地改造山河的精神，而是强烈的责任感。

在这个世界上，每一名员工都要有强烈的责任感，有责任感的人不论能力怎样，都会受到老板的重视，公司也会乐意在这种人身上投资，因为这种员工是值得公司信赖和培养的。

王涛高中毕业后子承父业，进入东风汽车公司成为了一名工人，他时刻记得父亲的教导："强烈的责任感，在任何岗位都使人放心！"

作为一名调整工，调整工序也是汽车生产的最后一道工序，大小零件装配在一起有几万个，只有每个零件都经过调整工的检测调试才能确保汽车在出厂的时候不会有质量问题。

王涛看到的却不止这些，他认为一个合格的调整工并不是只要完成本职工作就行了，而需要更多地了解所调整车辆的构造原理。

调整工的工作常常不可避免进行露天作业，风吹雨打或者冰天雪地都是家常便饭。从1984年开始，他在调整工岗位上开始工作。到1992年年底，他已经被提升为工段长，马上就可以做中层管理干部。这时他发现厂里很缺调整工人，使得很多用户只能坐等提货，人数越来越多。此刻他毫不犹豫地放弃了工段长的职务，回到了普通的调整工岗位上。

当时很多人不解，认为他是个名利两失的“傻子”，而他却有自己的道理：“咱虽然是个不起眼的工人，但是咱们要有强烈的责任感，学会为企业分点忧，只有厂子进步了，我们才能有将来。”

王涛在名不见经传的工作岗位上获得了全国五一劳动奖章，被评为全国劳动模范、全国机械行业职工楷模。

强烈的责任感是一个人对工作本位意识的体现。工作，谁都想拥有，但一旦拥有了，便不珍惜了。这其实就如一个人，椅子坐稳了，也就慢慢地松懈起来了一样。现实中，有许多人以自己的身体为由，怠慢工作，反正工资有保障，干与不干都一样。其实，干与不干不一样，至少工作、生活的质不一样，获得的心理感受也不一样。因此，懈怠工作、玩忽职守、消耗时间，这是非常不明智的，也是工作本位、工作价值观未找到的缘故。

现在激烈的市场竞争，企业已很难靠战略取胜，因为战略是容易复制的，差别恰恰就在于执行能否到位。如果一个员工没有强烈的责任感，一个微小的细节失误往往会导致执行的失败，导致公司战略的失效。所以，如果你有好的措施和策略，你就需要加强组织的执行力；如果你要加强组织的执行力，就要先加强内部人员的责任感。

一位名叫吉埃丝的美国记者，有一次来到日本东京，在奥达克余百货公司买了一台唱机，准备送给住在东京的婆婆作为见面礼。售货员特地挑了一台尚未启封的机子给她。然而她回到住处，拆开包装试用时却发现机子没装内件，根本无法使用。吉埃丝火冒三丈，决定第二天一早去百货公司交涉，并迅速写了一篇新闻稿《笑脸背后的真面目》。

第二天一早，一辆汽车赶到她的住处，从车上下来的是奥达克余百货公司的总经理和拎着大皮箱的职员。他俩一走进客厅就连连道歉，吉埃丝搞不清楚百货公司是如何找到她的。那位职员打开记事簿，讲述了大致的经过。

原来，昨日下午清点商品时，售货员发现将一个空心的货样卖给了一位顾客，此事非同小可，总经理马上召集有关人员商议。当时只有两条线索可循，即顾客的名字和她留下的一张美国快递公司的名片。据此百货公司展开了一场无异于大海捞针的行动——打了32次紧急电话，向东京的各大宾馆查询，没有结果。于是，又打电话到美国快递公司的总部，深夜接到回电，得知顾客父母在美国的电话号码，接着，打电话到美国，得到顾客婆婆家的电话号码，最终才找到了顾客的落脚地。这期间共打了35个紧急电话。职员说完，总经理将一台完好的唱机外加唱片一张和蛋糕一盒奉上，并再次表示歉意后离去。吉埃丝的感激之情可想而知，于是，她立即改写了新闻稿，题目就是《35个紧急电话》。

如果没有强烈的责任感，就不会有这样大海捞针的行动；如果不是出于强烈的责任感，就不会有及时改正错误的举动。强烈的责任感，在任何岗位都使人放心！

责任感是一个人、一个组织、一个国家乃至整个人类文明发展的基石。世上没有做不好的工作，只有不负责任的人。如果一个人没有强烈的责任感，即使他有再大的能力也是空谈，而当一个人有了强烈的责任感，他就有了激情、忠诚和奉献，他的生命就会闪光，就能在工作岗位上激发出自己最大的潜能。

没有哪一件工作是没有意义的，每一个过程都成就了另外一个过程，只有环环相扣，整体才会和谐美好。每个人各就各位，努力尽责并扮演好自己的角色，我们才可以顺利地完成一份共同的责任。

优秀员工的标准是什么？是能力吗？不，是强烈的责任感。能力很重要，然而一名员工即使能力再强，如果他对待工作马马虎虎、敷衍了事，也很难为企业创造更多的价值。事实上，任何单位也不会重用一个随随便便，视责任为无物的人。企业的责任体现在每一位员工身上的，企业责任的承担者首先是企业的每一位参与者。就像一位企业家所说的，我们在衡量员工是否优秀时，首先考虑的是他是否有责任感。由此看来，无论你在什么样的岗位，从事什么样的工作，只要你能担负起责任，你的所作所为就能给企业带来价值。

对于有强烈责任感的员工来说，责任感是无处不在的，只要是职场上的事，只要是自己见到的活儿，不抢着把它干好，就总觉得心里不踏实！而不计报酬的工作，对他们来说，不但是理所应该的，而且还会视为荣幸的事。

很多人都认为，只有那些有权力的人才需要很强的责任感，而自己只是一名普通员工，只要把事情做完了就行了，至于责任感有无皆可。事实上，企业是由每一个人组成的，大家有共同的目标和共同的利益，因此无论职位高低都必须具有强烈的责任感。

强烈的责任感，在任何岗位都使人放心。其实，我们的工作岗位，就是成功的舞台。把我们的成功意识转变成负责任的行动，成功也就离我们不远了。大凡成功人士，实际上他们一开始并不是想着成为什么名人，他们只是在自己的岗位上把工作做得使人放心，结果慢慢就成功了。

2.

# 恪尽自己的职守，不讲任何条件

恪尽职守，是身为员工的基本行为准则，也是企业的需要。身为员工，恪尽自己的职守，不讲任何条件，默默地为公司奉献和付出是忠于公司的表现。

无论什么原因，一名员工若是不能恪尽自己的职守，那就失去了老板对他最根本的信任。相反，如果一名员工一直坚持忠诚的原则，恪尽职守，不计个人得失，那么，他必将获得老板的赏识和众人的尊敬。

沈阳市石油设备厂的开拓者之一林秀山，通过二十几年兢兢业业的工作，用心血和汗水推动了整个企业的发展。

林秀山刚进厂时只是一名普通的技工。虽然职位低，但他在技术上精益求精，在质量上更是严格把关，不让任何一件有瑕疵的产品在他的手中产生。

作为一名技术人员，经常加班加点赶任务，他从没抱怨过。一次，由于客户要得急，公司命令员工必须在合同规定期限内完成任务，否则就要扣工资。接到任务后，很多同事都抱怨连天，林秀山却没有一句怨言，只是默默地工作。林秀山这种毫无反应的举动，引起了大家的好奇，都问他是怎么想的。

林秀山说："加班是工作的需要，我们应该和企业同呼吸、共命运，只有企业发展了，我们的腰包才会鼓起来。咱们有这抱怨的工夫，不如多干点活，你们说呢？"

"秀山说得对。"众人受到启发和教育，纷纷回到工作岗位忙碌起来。

林秀山在工作上毫无怨言，别人干不了的活找他帮忙，他总是手把手地教。遇到时间短、任务重的工作时，他总是挑起重担，常常是几天几夜吃住在厂里，在技术和业务上为企业领导分忧，帮一线员工完成生产任务，却从没有因此而计较过报酬和回报。

后来由于工作需要，林秀山被调到销售部，成为一名销售人员。在销售岗位工作过的人都知道，这是一项艰苦的工作，尤其是在销售市场疲软时期，开拓市场多么困难。因此，当领导让林秀山去做销售时，大家都劝他好好考虑考虑，不要轻易应允，但林秀山却满口答应下来。

一次，企业派林秀山去新疆出差，为了给企业省钱，他只买了张硬座车票，当领导心疼地说："这么远的路，硬座怎么休息啊？"他只说了句："没关系，坐着睡一会儿就行了。"

就这样，在林秀山恪尽职守、尽责敬业的努力下，他争取到全国各地用户几十家，建立了牢不可破的供求关系，为企业创造了不菲的经济效益。

我是谁？应该负什么责任？我的位置在哪里？什么事情该做？哪些利益不该得到？这一切问题，归结起来，就是要能够"知其所止"，即知道自己应该停在什么地方，然后，才谈得上"止于至善"。人是不可能离开社会而生存的。古人说："才者，德之资也；德者，才之师也。"对于平凡的我们来说，我们扮演着诸多的角色，在任何一个方面，我们都必须做到最好，而没有理由回避应该承担的责任。

身处职场我们就应该恪尽职守，不讲任何条件。

冷拜1976年12月出生，藏族，中共党员，大专文化程度，从2005年8月起担任乡党委副书记、纪委书记，分管基层组织、纪检、综治、工青妇联，主抓机关学习纪律和全乡支部党员管理教育及包村等工作。他在平日的工作生活当中一向以党性、热情、良心为后盾，以政治责任感和使命感为动力，恪尽职守，竭诚奉献，不讲任何条件，扑身于基层第一线工作，任劳任怨，默默无闻，努力完成上级组织和领导交付的各项工作任务。功夫不负有心人，一分耕耘，一分收获，他曾多次被评为县乡先进个人和优秀党员。

他积极带头组织全乡党员干部群众，系统学习马列主义、毛泽东思想、邓小平理论和“三个代表”重要思想，先后在县委的统一安排部署下，深入开展了“学教”、“两个务必”、“先教”、“十七大报告”、“理想信念教育”等学习教育活动，充分利用业余时间和岗位锻炼的机会，不断锻炼政治思想品德。

他注重新知识的学习，不断拓宽知识面，在学习中提高业务知识和政策水平，提升服务能力，探求事业的发展路径，明确前进方向。同时，他严格要求身边的党员干部群众，加强理论学习，用理论改造宏观世界，为提高分析解决发展中遇到的实际问题的本领，又用理论指导主观世界，不断增强党性，牢固树立正确的世界观、人生观和价值观。几年来他的个人学习笔记、心得体会、讨论稿等字数已达10万字以上，使他进一步明确了努力方向，提高了服务大局的能力。

他严格监督推行政务、村务公开制度和机关干部职工考勤制度，做到不偏不向，一视同仁。在村级办公经费紧缺的情况，想尽一切办法，严要求，高质量地坚持落实“三会一课”和“双管双评”目标管理。积极组织党员和入党积极分子在活动中接受教育，增进了解，严格按照程序，制订计划，重点培养，严把新发展党员的质量关。从全乡经济明白人，经济能人，致富带头群众中吸收党员8名，乡机关干部5名，共13名，培养入党积极分子18人，进一步加强了党员队伍建设，增强了党支部的凝聚力和战斗力，保证了党支部健康、有序、规范、良性发展。

他经常为群众传送符合当地实际的项目信息和国家投资趋向，让群众明确抓项目的主攻方向和重点领域，有效地增强当地群众的项目意识，帮助贫困农户写论证材料，办理相关手续，搭桥引路。先后为当地群众落实扶贫入户资金5.6万元。同时,依靠个人的社会关系,协助乡上主要领导,从各种渠道解决项目资金12万元,解决了群众的实际困难。他还为一名失学儿童捐资200元、两袋面粉,使他有了重返校园的机会。到目前个人向社会捐资1200元,虽然数额少,却能体现他真诚的爱心。倡导农牧村青年团员到外地务工,走一走,看一看,换一换思想,吸取新鲜事物,尝试新的发展点,提高市场经济意识,打破落后观念。同时,为了今后外出的农村青年及早熟悉和掌握外出务工常识,了解和适应环境,以便更好地保护自己的合法权益,在团县委的大力支持下,为广大农牧村青年共送去60余册《农村青年外出务工100问》一书,他在群众大会上亲自作了重点讲解和辅导,使广大农牧村青年自愿接受挑战。认真贯彻落实全县统战工作会精神,集中开展了民族团结进步宣传月活动,深入村组和寺院,大力宣传《宗教事务条例》、"四争四教"、"三个离不开"、"四个维护"等内容,深入民心。

2008年汶川大地震中,他动员全乡干部职工,赶赴各村组摸底排查震灾情况,并成立全乡抗震救灾应急预案,当得知那盖村灾情严重后,他不顾一夜劳累,冒雨及时赶到抗震救灾一线,慰问和看望村上党员受灾户,积极动员村上的群众进行生产自救,并组织克浪村支部党员、干部群众共86人自带锄头、铁锨,赶往受灾严重的那盖村,帮助他们修路,拆除危房,消除一切震灾、火灾隐患,作为纳告村包片领导,及时带领驻村干部摸底排查实情,及时统计上报。在遭受无情震灾的特殊时期,他带头组织开展了"农牧村党员交纳特殊党费,支援灾区人民、献爱心"活动,全村24名党员共交纳特殊党费735元,捐给灾区人民,祝愿灾区人民重建美好家园,生活幸福。他组织纳告村支部党员、干部群众共128人,从5月28日至29日,利用两天的时间清理修缮了全乡境内25公里的主干道路,为当地群众出行排除了安全隐患,他用微薄之力时刻体现出共产党人的本色。对冷拜同志真实的评价是“家人说他大忙人，什么工作都有份，不顾家；干部群众说冷书记讲的深入人心，刻骨铭心，他办事我们放心满意”。他是从山里走出，又回归大山来；他是当地群众的儿子，也是他们的贴心人。

在村级换届选举中，他亲自带领驻村干部深入村组开展民意调查。认真组织开展选举工作，通过“两推一选”和“公推直选”的办法，配齐配强了纳告村两委班子成员，同时把纳告村的调解、治保等工作也作了进一步加强，完善了各种规章制度，规范了村级管理。在实际工作中，他及时化解种种矛盾纠纷，真正做到了把各类矛盾消除在萌芽状态。在走访老党员、有威性老人的同时，召开全体村民大会，向群众宣传各种法律法规及党和国家的政策，赢得了全乡广大党员干部和农牧民群众的称赞和好评。在村级班子队伍建设和村级经济发展中他建言献策，动员引导党员群众初步建立“双培双带”示范点 3 个，重点培养致富能人 32 人，党员致富带头人 36 人，认真组织开展了“3211”帮扶活动，动员党员抢险救火，重视干部培养，积极向组织推荐优秀青年干部。

作为一名乡党委副书记，他团结班子成员，时刻牢记全心全意为人民服务的宗旨，以踏实的工作作风，无私奉献的人格魅力，以人为本的工作理念，紧紧团结依靠各级干部，勇于创新开拓，积极奋发进取，克服种种困难，为阿夏的经济、社会发展倾注了一腔热情。作为乡纪委书记，他首先严格按照纪检监察部门的规定要求，依法办事，勤政为民，知民情、察民意，深入调查研究，密切联系群众，关心群众疾苦，正确运用手中的权力，全心全意为老百姓服务。

一位哲人说过：“如果一个人能够恪尽职守，那么他就成功了一半。”

恪尽职守的人才是优秀的人，他们把工作当作事业，充分享受着工作带来的乐趣和荣誉。在他们的心中没有抱怨，不会计较个人得失，也不会把注意力集中在每月领取的薪水上面，更不会仅仅为了薪水放弃或选择一份工作。他们勤奋努力，一丝不苟，愿意为工作投入百倍的热情。他们会向比自己优秀的人学习，勇于开拓创新，自我超越。如果你恪尽自己的职守，不讲任何条件，忠诚地为一个企业工作，支持企业的立场，为企业着想，为企业的目标而努力，那么，你早晚会成为这个企业中最优秀的一员。

3.

## 忠诚敬业，守住自己的责任链

在一个企业中，岗位与岗位之间、员工与员工之间其实都是责任链的关系。如果某一个环节缺失了责任，责任链就会断裂。比如工作中有多人层层把关，最后还会发生某些低级错误，尤其是一些安全生产事故使人们痛心惋惜。事前，哪怕只有一个环节上的人尽到责任，这些错误或者事故就可以避免。许多教训表明，一项工作的失败，不仅取决于某一个人的责任感有多强，更取决于所有参与这项工作的群体组成的责任链有多强。

一个企业就像一台高速运转的机器，任何一个零件出现问题都有可能带来毁灭性的灾难和不可挽回的损失。如果我们不能忠诚敬业，守住自己的责任链，那么，就很有可能给企业和自己造成巨大的损失。

麦克阿瑟将军说过这样的话："士兵必须忠诚于统帅，这是义务。"无论是在硝烟弥漫的战场还是在竞争激烈的公司，无论是在士兵和将军之间还是在员工和老板之间，忠诚敬业是一面永不褪色的旗帜，每个团队、每个集体都是依靠它来生存和发展的。

一个职业，一份责任；一个岗位，一份使命。忠诚敬业不仅是个人生存和发展的需要，也是社会存在和发展的需要。忠诚于自己的工作，敬业于自己的岗位，不让自己的那条责任链断掉，不仅是遵守职业道德的表现,也是一种普遍意义上的奉献精神,更是一种难能可贵的崇高境界。

李先生有一位认识多年、能力非常杰出的年轻朋友。他系出名门,又顶着企管硕士的光环,30岁刚出头,原先在一家著名的企业做了几年产品经理,业绩非常好,后来被重金挖到新公司去了。李先生很长时间没和他的朋友见面了,听说他刚刚升官,可是见面时,他的那位朋友看起来并没有想象中意气风发,反而有些落寞。

他的朋友说:"新老板其实很精明,也愿意给我发挥的舞台,可是最近部门改组,大家都认为当主管的应该是我才对,但老板却提升一位四十好几的人当经理,让我当副手!"隐隐约约听得出来,他的语气中透露着不爽的感觉。"问你老板呀!"李先生建议他。

只见他神情沮丧地说:"我老板竟然回答:'因为他不会背叛我呀!'这是什么意思,难道老板要的只是忠心而不是能力吗?"

他接着很不解地问:"老板这样做有道理吗?为什么不是唯才是用呢?"

李先生没回答,反而好奇地问道:"那你会不会背叛老板呢?"

他朋友老实地回答:"这要看怎么说了。我希望找到一个可以自我发挥的舞台,老板则希望找一位可用之人为他赚钱,总而言之,还不就是'各取所需'。"

李先生朋友的困惑不难解释。在老板的眼中,忠诚比才能更重要。许多老板宁要一个忠诚度高、可以信赖的员工,也不愿意接受一个极富才华和能力,但却总在盘算自己的小九九的人。

针对企业而言,除了工作能力,个人对公司的忠诚也是评价一个员工的重要标准。没有能力的员工可以培养其能力,使其逐步提高工作能力,最终完全融入到公司之中。但是,如果没有了忠诚,即使能力再高,本事再大，对公司也不会有太大的价值，并且潜在的危害一直存在。这样的员工想得到老板的重用几乎是不可能的。

因此，忠诚是一个优秀员工的立足之本。但是不可回避的一个事实是，并不是所有的公司员工都拥有忠诚的精神。每个做老板的人希望所有的员工都对公司忠诚，但同时他也清楚要做到这一点是很难的。“天要下雨，娘要嫁人”这句老话，实际上就反映了老板在对于员工忠诚问题上的一种无奈。

任何一家公司、任何一个老板，都想自己的事业能兴旺发达。这样，他就自然而然地需要一个、几个乃至一批兢兢业业、埋头苦干的下属，需要一些具有强烈敬业精神和责任心的下属。

廖冰本科毕业后被分配到一个研究所。这个研究所的大部分人都具备硕士或博士学位，廖冰感到压力很大。

工作一段时间后，廖冰发现所里大部分人不敬业，对本职工作不认真，不是玩乐，就是搞自己的“第三产业”，把在所里上班当成混日子。

廖冰反其道而行之，他一头扎进工作中，从早到晚埋头苦干业务，还经常加班加点。廖冰的业务水平提高很快，不久成了所里的“顶梁柱”，并逐渐受到所长的重用，时间一长，更让所长感到离开廖冰就好像失去左膀右臂。不久，廖冰便被提升为副所长，老所长年事已高，所长的位置也在等着廖冰。

敬业的员工，是老板最倚重的员工，也是最容易成功的员工。如果你的能力一般，敬业可以使你走向更好；如果你十分优秀，敬业可以将你带向更成功的领域。

可见，只有敬业，才能使你在工作中出类拔萃，既能够提高自己的业务能力，又能够把现在的工作做得更好，得到提升。

企业中的每一个员工，都是企业运转的一个小环节，他们的工作质量会影响到整个企业的工作质量。企业生产经营若要顺利进行，就必须要求员工忠诚敬业，守住责任链，在自己的那个环节上严格把关，切实做到你中有我，我中有你。每个员工都必须意识到，自身是整个责任链上的一个至关重要的节点，要实现企业生产经营效益最大化，就必须更加注意相互配合，精诚协作，规避失误，确保各项工作的圆满完成。

4.

## 不搞“独唱”，与大家真诚合作

想必大家都知道“狼道”精神吧，的确，狼群最伟大的品质就在于它们的合作精神。狼之所以伟大，就是因为它们的互相合作、团队精神。因此可以这样认为，只有合作才能攻无不克，战无不胜。

海尔集团总裁张瑞敏曾经说：“狼最值得称道的是战斗中的团队精神，协同作战，甚至不惜为了胜利粉身碎骨，以身殉职。而在职场、商战中这种对手也是最令人害怕和恐惧的，这样的对手是最具有杀伤力的。”

那么，合作的真正意义到底是什么呢？所谓合作，就是一群人为了达到某一特定的目标，而把他们联合在一起。众人拾柴火焰高，这是合作的基础。

在如今的职场，合作已经成为企业中一种工作方式的潮流而逐渐被更多的人所提倡。而那些只搞“独唱”，信仰个人主义，以自己为中心，认为仅凭一已之力就可以出色完成任务的人越来越没有市场，必将逐渐被淘汰，甚至遭到惨败的下场。

从前在一片大森林里，生活着一只有两个脑袋的小鸟，名字叫做“共名”。

因为这两个头是相依为命的，少了谁都活不下去，所以它们俩开始很团结，去哪里捕食，到哪里休息都是商量后才决定。如果一个咬住了虫子的尾巴，另外一个就会帮忙捉住头。这样很长一段日子里它们过着快乐的团结合作的日子。

后来不知道什么原因，一个头对另外一个头产生了很深的误解。两个头谁也不理谁了。但是这样一来，这个共命鸟再也不能和谐地飞翔、休息和吃东西了。一个说往东走，另外一个偏偏往西飞，弄得这只小鸟疲惫不堪。

那个善良的头看到这个局面，想尽办法要跟另外一个头和好。可是另一个头很固执和记仇，它拒绝了善良的头的好意，并为了报复，故意吃一些带毒的草，想要毒死对方。结果，这只共命鸟最终因为吃了过多的毒草而死去了。

合作并不是简单的人力相加，处于同一个企业的员工，就像是生活在一个肌体上的每一个头，都有着不可替代的作用。只有不搞“独唱”，与大家真诚合作，才能把复杂的事情变得简单，把简单的事情变得容易，将容易的事情以更高的效率做好。能够意识到这一点，也许愿意单枪匹马做个英雄的人就会少一些。

是的，在任何一家企业中都存在竞争，员工与员工之间的竞争和员工与上司之间的竞争、上司与上司之间的竞争。在这竞争的每一个人都有希望、目标和理想，都渴望梦想成真。但是，从自身发展的角度来讲，和同事合作比与同事竞争更为重要，这是卓越员工必须具备的品质。将自己视为团队整体一部分，竞争的最高限度是绝不能让竞争损害到整个团队的和谐。

员工与员工之间必须要相互支持，而不是搞“独唱”，相互拆台。有很多员工只关注自己的利益，而不信任他人，甚至猜疑同事。其实这是一个态度问题，如果你能善待他人，相互间就可以建立起良好的合作关系。

作为企业中的一员，遇到事情发生时，不是去想“这样做，对我有什么好处”，而应该这样想“这样做，对团队、对大家有什么好处”。这两个不同的关注点说明你想的是与他人竞争，还是与他人积极配合。罗伯特斯指出:“任何优异的成绩都是通过一场相互合作的接力赛取得的,而不是一个简单的竞争过程。”如果你关注的是整个企业的利益,而不是你自己,那么你就会摒弃“独唱”,与大家真诚合作!

江西果喜实业集团公司董事长兼总经理张果喜,就是一位具有强烈合作意识的“高手”,由于他善于与人合作,使得他的事业如日中天。1979 年开始生产出口日本的佛龛,占据了日本大部分佛龛市场,并在加拿大、德国、韩国、泰国和中国香港等地开辟了经销处和办事处,产品共五大类 2000 余种,个人资产达数亿元。有“巧手大亨”之美誉的张果喜深明事物的利害关系,他在开拓日本市场时照顾好方方面面的利益,善待盟友和对手,很快便成为日本佛龛市场的“龙头老大”。

张果喜在日本取得了一定的市场地位以后,就与日商建立了稳固的代理关系,全部佛龛产品都由日商代理经销。不久新情况出现了。随着张果喜生产的佛龛在日本市场的畅销,一些颇具眼光的日本商人看到销售这种佛龛非常有利可图,为降低进货成本,一些销售商就想走捷径,绕过代理商直接从张果喜那里进货。

张果喜慎重考虑了这个新情况。

从眼前利益看,销售商的直接订货,减少了中间环节,厂方确实可以多得一些钱,捞到实惠。但从长远考虑,接受直接订货,就意味着将失去已花费了很大力气开辟的以往的销售渠道,甚至使以往的销售渠道背向自己,走到自己的竞争面,这无疑得不偿失。

从这种思路出发,张果喜婉转而又坚决地回绝了那几家要求直接订货的零售商,继续维护与日本代理经销商的盟友关系。后来,日本代理商知道此事后,很受感动,增强了对张果喜的信任,在推销宣传方面下了不少工夫。向来不轻易买账的日本代理商这次果敢地打出了张果喜是“天下木雕第一家”的招牌,从而使张果喜的产品在日本市场的销售越来越稳定。

人无远虑，必有近忧。张果喜清醒地看到，生产佛龛是一种利润丰厚的行业，除了他的果喜集团公司，韩国与中国台湾制作的产品也有相当的渗透力，更不用说在日本本土还有成千上万的同类中小企业了。如果照以前那样，单靠原有的销售网络和一两个合资的株式会社与强大的竞争对手抗衡，只能处于劣势而被人家踩在脚底下。

权衡利弊，张果喜决定扩大“同盟军”，把一些原先的对立派拉到自己一边。为慎重起见，他还与自己智囊成员对此细细地作了分析研究，选择了分散在日本各地的有代表性的一些中小型企业。经过多方协调，于 1991 年成立了“日本佛龛经销协会”，专门经销果喜集团的漆器雕刻品。这种方式变消极竞争为积极合作，当年立竿见影。他们的产品在日本佛龛市场的份额占到六成，取得了市场主动权。

这就是张果喜的连横合纵，其真谛在于周密思考，权衡利弊，摆脱眼前利益和一己之利的束缚，开阔视野，正确处理与盟友的合作关系，最终才能稳住阵地。

俗话说得好：“一个篱笆三个桩，一个好汉三个帮。”再伟大的人物，也不可能单枪匹马闯出世界来。“三个臭皮匠，赛过诸葛亮”，这就是合作的力量。因为合作，可以集思广益。集思广益不仅可以打破不可能的坚冰，创造一个又一个的奇迹，还会带领人们走进前所未有的新天地。集思广益同样能够激发每一个人的潜力，化不可能为可能，化腐朽为神奇。在自然界中同样如此，不同种的植物生长在一起，根部会百相缠绕，由于它们的共同作用，可以改善它们生存的土质，进而为它们的茁壮成长提供优质的土壤和充足的养分，这些相互缠绕的植物也比单独生长时更为茂盛。动物界的例子更是数不胜数。

大家应该都知道大雁飞行时的情形。它们有一种合作的本能，飞行时大都呈人字形。大雁以这种形式飞行，要比单独飞行多出 12% 的距离。大雁的合作精神体现在以下几个方面：

第一，大雁会共同“拍动翅膀”。问题是，大雁如果不拍翅膀，就飞不起来，换言之，拍翅膀是大雁的本能。只要排成人字队形，就可以提高飞行效率。但是，人未必这样思考。在一个需要合作的团体中，对每个人来讲，其最优选择是假定其他人“拍翅膀”，自己不用拍，从而搭便车。

第二，所有的大雁都愿意接受团体的飞行队形，而且都实际协助队形的建立。如果有一只大雁落在队形外面，它很快就会感到自己越来越落后，由于害怕孤单，它便会立即飞到雁群中。

第三，大雁的领导工作是由群体共同分担的。虽然有一只比较大胆的大雁会出来整队，但是这带头雁疲倦时，便会自动退到队伍之中，另一只大雁马上替补领头的位置。

第四，队形后边的大雁不断发出鸣叫，目的是为了给前方的伙伴打气激励。

第五，如果一只大雁生病或被猎人击伤，大雁群中就会有两只大雁脱离队形，靠近这只遇到困难的同伴，协助它降落在地面上，然后一直等到这只大雁能够重回群体，或是直至不幸死亡后，它们才会离开。

由此可见，我们一定要注意加强与周围同事的沟通，培养合作精神。对老员工，要虚心请教，真诚待人；对身边新入职的同事，不妨当面递上一张自己做的卡片，除了自我介绍之外，再附上一段你的祝福语，简简单单，就赢得了别人的心。它的好处在于在你以后的工作中，就会得到大家不遗余力的帮忙，就能巧妙借助他人的力量来完成任务。只是虚心请教的姿态，几句温暖的话语，就能为自己轻松地编织一张人际网，占尽主动的先机，何乐而不为呢？

当然，除了在公司内部讲究团结合作，学会跟他人一起做事情外，还要注重编制自己的关系网；如果说公司内部的合作是必不可少的，是为了完成一个共同目标而努力的话，外部的借力和合作，则是为了大家各自的利益，这样才能够做到互惠互利。公司是个小集体，社会是个大集体。虽然存在竞争，但也需要通力合作。意识到这一点，就会明白有用的人就在你身边，只是如何去团结利用他。

合作才能生存，才能发展，这样的道理无论是在自然界还是人类社会，都得到了验证。

因此，我们一定不要搞“独唱”，而是要与大家真诚合作。只有合作，我们才能真正发挥自己的力量！

## 5. 摒弃拖延，今日事今日毕

我们每个人在自己的一生中，有着种种的憧憬、理想和计划。如果你能够将这一切的憧憬、理想与计划，迅速地加以执行，那么就会在事业上取得很大的成就。然而，人们往往有了好的计划后，不去迅速地执行，而是一味地拖延，以致让一开始充满热情的事情冷淡下去，强项逐渐消失，计划最后破灭。

如当一个生动而强烈的意念突然闪耀在一个作家脑海里时，如果他那时因为有些不便，无暇执笔来写，而一拖再拖，那么，到了后来那意念就会变得模糊，最后，就会完全从思想里消逝。

对每一个渴望有所成就的人来说，拖延是最具破坏性的。它是一种最危险的恶习，它使人丧失进取心。一旦开始遇事拖延，就很容易再次拖延，直到养成一种根深蒂固的习惯。

清人文嘉在他的《今日歌》中写道：“今日复今日，今日何其少，今日又不为，此事何时了？人生百年几今日，今日不为真可惜！若言姑待明朝至，明朝又有明朝事。”俗话讲：“习惯好，命才好！”好的习惯可以成就一个人，坏的习惯可以使一个人从拥有一切到失去所有。我们要判断身上的习惯是我们前进的风帆，还是阻碍我们走向成功的绊脚石。

在工作中，我们是否都有这样拖延的习惯：今天的工作拖到明天完成,现在该打的电话等到一两个小时以后才打,这个月该完成的报表拖到下个月,这个季度该达到的进度要等到下一个季度……凡事都留待明天处理,都在拖延,而不是今日事今日毕!

令人遗憾的是,我们每个人在工作中都拖延过。拖延的表现形式多种多样,轻重也有所不同。比如琐事缠身,无法将精力集中到工作上,只有被上司逼着才向前走;不愿意自己主动开拓,反复修改计划,有着极端的完美主义倾向,该实施的行动被无休止的"完善"所拖延;虽然下定决心立即行动,但就是找不到行动的方向;做事情总是磨磨蹭蹭,有着一种病态的悠闲,以致问题久拖不决;情绪低落,对任何工作都没有兴趣,也没有什么人生的憧憬。

喜欢拖延的人往往意志薄弱。他们不敢面对现实,习惯于逃避困难,惧怕艰苦,缺乏约束自我的毅力;或者目标和想法太多,导致无从下手,缺乏应有的计划性和条理性;或者没有目标,甚至不知道应该确定什么样的目标。另外,认为条件不成熟,无法开始行动也是导致拖延的原因之一。

拖延对于一个人品格的锻炼是致命的打击。有这种弱点的人,从来就不会把事情办得圆满,也不会在事业上取得成功。曾经有人对 2500 名失败的人作过一次分析,分析报告显示,拖延高居 31 种失败原因的榜首。由此可见,拖延是每一个人必须征服的敌人。

很多成功的人都信奉这样一条格言:"我们要明白,一点拖延迟缓无异于死亡。"如果想取得成功,我们应该都好好把握这一点。关于成功,有人曾经这样说:"我们形成了立即行动的好习惯,所以才会站在时代潮流的前列。而另外一些人的习惯则是一直拖延,直到时代超越了他们,结果就被甩到后面去了。"西班牙著名作家塞万提斯曾说:"取道于'等一会儿'之衔,人将走入'永不之室!'。"我们不得不承认这是一句至理名言。

拖延往往会使一些结局变得悲惨。我们可以想象,如果一个人身体不好,应该立刻就医,而拖延着不去的话,就很可能失去治疗的最佳时间,导致病情加重,严重的话会不治而终。

可见,拖延对于我们每一个人来说,危害是极大的。世界上再没有别的什么习惯,比拖延更为有害,也没有别的什么习惯,比拖延更能使人懈怠并减弱人们做事的能力。人应该极力避免拖延的恶习，但是事实是，只有少数人能够坚持不懈地去执行他的决定，而没有任何拖延，所以也只有少数人才能成功。

拖延的原因之一是因为我们习惯懒惰了。懒惰之人的一个重要特征就是拖沓。把前天该完成的事拖延敷衍到后天，是一种很坏的工作习惯。

拖延有时候也是由于考虑过多、犹豫不决造成的，适当的谨慎是必要的，但过于谨慎则是优柔寡断。

拖延一旦形成习惯，就会消磨人的意志，使你对自己越来越失去信心，怀疑自己的毅力，怀疑自己的目标，进而会使自己的性格变得犹豫不决。

有些人简直优柔寡断到无可救药的地步，他们不敢决定各种事情，不敢担负起应负的责任。而他们之所以这样，是因为他们常不知道事情的结果会怎样，常对自己的决断产生怀疑，不敢相信自己能解决重要的事情。因为犹豫不决，很多人使自己美好的想法陷于破灭。

希腊神话告诉人们，智慧女神雅典娜是在某一天突然从丘比特的头脑中一跃而出的，跃出之时雅典娜衣冠整齐，没有凌乱现象。同样，某种高尚的理想、有效的思想、宏伟的幻想，也是在某一瞬间从一个人的头脑中跃出的，这些想法刚出现的时候也是很完整的。但有着拖延恶习的人迟迟不去执行，不去使之实现，而是留待将来再去做。其实，这些人都是缺乏意志力的弱者。而那些有能力并且意志坚强的人，往往乘着热情最高的时候就去把理想付诸实施。

一日有一日的理想和决断，昨日有昨日事，今日有今日的事，明日有明日的事。今日的理想，今日的决断，今日就要去做，一定不要拖延到明日，因为明日还有新的理想与新的决断。

德国音乐大师贝多芬说："人拥有的东西没有比光阴更贵重、更有价值的了，所以千万不要把你今天所做的事拖延到明天去做。"其实，每一个人都没有理由不在今天完成今天的事情，不但要努力做好今天能做的事情，而且还要时刻准备着做好明天的事。

有一个猎人带着他的袋子、猎枪、弹药和猎狗出发了。出发前，有人劝他应该把弹药装进枪膛，但猎人很生气地嚷道："废话！难道我以前没有出去过吗？而且天空中就只有一只麻雀吗？我到那里，得需要一个小时，就是装100回子弹，也有的是时间。"就这样，猎人带着空枪走了。

这一次，命运女神仿佛在嘲笑他的想法——他还没走一会儿，就发现水面上密密麻麻地浮着一大群野鸭。毫无疑问，只要他开一枪就能打中六七只，足够他吃一星期的时间。

就在他匆忙装子弹时，一只野鸭叫了一声，整群的野鸭一下子都飞起来了，很快就消失得无影无踪了。更糟糕的是，天空突然下起雨来了，猎人被淋得浑身都湿透了。虽然袋子空空如也，但他不得不拖着疲惫的脚步回家了。

我们应该明白，人生中总是有很多的机会在不经意间到来，但总是稍纵即逝。如果我们因为拖延而抓不住它，以后就永远失掉了，后悔的只能是自己。

拖延的坏习惯是高效执行的最大敌人，关键时刻的拖延甚至会带来致命的后果。我们没解决的问题，会由小变大，由简单变复杂，像滚雪球那样越滚越大，解决起来也就越来越难。没有人会为我们承担拖延的损失，所以，我们应该立即行动起来，摒弃拖延，不要被拖延缚住手脚。

一位治疗拖延症的专家这样回忆道：

不久前，一位30岁的财务分析师请求我的帮助，她想纠正在最近几个月里，总是拖延工作的恶习。我们探讨了她对老板的看法和老板对她的态度；她对权威的认识以及她的父母的情况。我们也谈到她对工作与成就的观念；这些观念对其婚姻观、性别观的影响；她同丈夫和同事竞争的愿望，以及竞争带给她的恐惧感。尽管一再努力，但这种常规心理分析和治疗，并未触及问题的症结。终于有一天，我们进入久被忽略的一个领域，才使治疗出现了转机。

“你喜欢吃蛋糕吗？”我问。

她回答说喜欢。

“你更喜欢吃蛋糕，”我接着问，“还是蛋糕上涂抹的奶油？”

她兴奋地说：“啊，当然是奶油啦！”

“那么，你通常是怎么吃蛋糕的呢？”我接着又问。

她不假思索地说：“那还用说吗，我通常先吃完奶油，然后才吃蛋糕的。”

就这样，我们从吃蛋糕的习惯出发，重新讨论她对待工作的态度。正如我预料的，在上班第一个钟头，她总是把容易和喜欢做的工作先完成，而在剩下六个钟头里，她就尽量规避棘手的差事。我建议她从现在开始，在上班第一个钟头，要先去解决那些麻烦的差事，在剩下的时间里，其他工作会变得相对轻松。考虑到她学的是财务管理，我就这样解释其中的道理：按一天工作七个钟头计算，一个钟头的痛苦，加上六个钟头的幸福，显然要比一个钟头的幸福，加上六个钟头的痛苦划算。她完全同意这样的计算方法，而且坚决照此执行，不久就彻底克服了拖延工作的坏毛病。

拖延会侵蚀人的意志，消耗人的能量，阻碍人的潜能发挥。处于拖延状态的人，常常会陷入一种恶性循环之中。为此，他们常常苦恼、自责、悔恨，但又无法自拔，结果一事无成。

既然，我们认识到拖延的危害如此之大，那么，如何才能摒弃拖延，将其从自己的习惯中除掉呢？

下面有几个办法可以摒弃拖延，让我们高效工作：

1. 确定一项工作是否非做不可。有时，我们感觉到一项工作不重要，于是做起来就拖拖拉拉。如果这项工作真的不重要，就把它取消好了，而不是拖延然后又后悔。有效分配时间的重要一环，是把可有可无的工作取消掉，应该从你的日程表中消除乱糟糟的东西。

2. 把工作委托给其他人。有时候,任务是能完成的,但是你不喜欢做。你不愿意或许与你的个性或专长有关。如果你把任务委托给一个更适合做、更乐意做的人,你和他就都成了赢家。

3. 弄清楚有什么好处,然后行动起来。我们往往因为看不到完成一项不愉快的工作有什么好处而拖延。也就是说,我们做这项工作时付出的代价似乎高于做完之后得到的好处。应付这个问题的最佳办法是从你的目标与理想的角度分析这项工作。如果你有个重大目标,那你就比较容易拿出干劲去完成有助于你达到目标的工作。

4. 养成良好的习惯。许多人的拖延已经成了习惯。对于这些人,要完成一项工作的一切理由都不足以使他们放弃这个消极的工作模式。如果你有这个毛病,你就要重新训练自己,用好习惯来取代拖延的坏习惯。每当你发现自己又有拖延的倾向时,静下心来想一想,确定你的行动方向,然后再给自己提一个问题:"我最快能在什么时候完成这项工作?"定出一个最后期限,然后努力遵守。渐渐地,你的工作模式就会发生变化。

每个人的心中都有很多憧憬,很多理想,也有很多计划。如果我们能够抓住一切憧憬,实现一切理想,执行一切计划,那我们在事业上的成就和我们的生命真不知道该有多么伟大?然而,现实生活中的我们是怎样做的呢?只有我们自己最清楚。我们不要求每一个憧憬、理想和计划都实现,但我们也不能坐视它们都一一幻灭和消逝。我们应该养成珍惜时间的好习惯,摒弃拖延,今日事今日毕。否则,我们就只有失败,甚至会走上贫穷甚至死亡之路。我们要立即付诸行动,完成最有意义的、最有价值的事情,这样的人生才是辉煌的人生!

6.

## 注重效率，第一次就把事情做好做对

在现实生活中，因考虑欠周导致返工的情况很多，但许多人并不能从自身找原因，反而一味责怪周围的环境，因此常无法跳出“返工”的怪圈。要避免或减少返工，事先就想着怎样把事情第一次就做好做对，这才是最重要的。

“第一次就把事情做好做对”是著名管理学家克劳士比“零缺陷”理论的精髓之一。所谓第一次就把事情做好做对，是指一次就能做到位。

“第一次就把事情做好做对”，我们也许会对此有所疑惑：怎么可能第一次就把事情做对呢？人又不是神仙，怎么可能不犯错呢？不是允许合理的误差吗？不是允许一定比例的废品吗？

事实上，第一次就把事情做好做对不仅是非常有可能的，而且是一定能做到的。我们可以试着想一下，整条流水线上，每一个零配件生产出来之后马上就被送去组装，因为没有库存，任何一个环节出了质量问题，都会导致全线停产，所以必须百分之百地“第一次”就把事情做好做对。

第一次就把事情做好做对，不仅是高效率的表现，同时也是每个人应当信守的职业理念。只有坚持把事情一次做好做对的职业理念，企业才能实现良性运转，个人事业才能兴旺。

我们在工作中会经常看到这样的现象：

——5%的人并不是在工作，而是在制造问题，无事生非，他们是在破坏性地做。

——10%的人正在等待着什么，他们永远在拖延，什么都不想做。

——20%的人正在为增加库存而工作，他们是在没有目标地工作。

——10%的人没有对公司做出贡献，他们是“盲做”、“蛮做”，虽然也在工作，但是在进行负效劳动。

——40%的人正在按照低效的标准或方法工作，他们虽然努力，但没有掌握正确有效的工作方法。

——只有15%的人属于正常范围，但绩效仍然不高，仍需要进一步提高工作质量。

上面的现象反映出来，有大部分的员工不是在解决问题，而是在制造问题。我们要做好自己的工作，不把问题留给老板，就应当树立起“第一次就把事情做好做对”的做事理念。

对待事业要有百折不挠的精神，但对待具体工作，第一次就争取把事情做成，可以使你脱颖而出。

章飞和肖雨差不多同时受雇于一家超级市场，开始时大家都一样，从最底层干起。可不久章飞就受到总经理青睐，一再被提升，从领班直到部门经理。肖雨却像被人遗忘了一般，还在最底层。终于有一天，肖雨忍无可忍，愤愤不平地去找总经理，质问原因。

总经理耐心地听着，最后他对肖雨说：“你和章飞的确有些不同，我让你看一看你们之间有什么不同。现在请你马上到集市上去，看看今天有卖什么的。”肖雨很快从集市上回来了，说只有一个农民拉了车黄瓜在卖。“一车大概多少钱？多少斤？”总经理问。肖雨又跑去，回来后说有30袋。“价格是多少？”肖雨再次跑到集市上。总经理望着跑得筋疲力尽的他说：“请休息一会儿，看看章飞是怎么做的。”说完叫来章飞对他说：“章飞，你马上到集市上去，瞧瞧今天卖什么的。”章飞很快从集市上回来了，向总经理汇报道：到现在为止只有一个农民在卖黄瓜，有30袋，价格适中，很新鲜。这个农民马上还将弄几袋黄瓜上市，据他推算，价格还公道，可以进一些货。想到这种价格的黄瓜总经理大约也会要，所以他不仅带回了几条黄瓜样品，而且还把那个农民带来了，他现在正在外面等回话呢。

总经理看一眼红了脸的肖雨，说：“请他进来。”然后，总经理对肖雨说："你看到章飞是怎么做事的了吧？这就是你们俩同时进公司，但工资职位却不同的原因。"按说，章飞与肖雨两人的能力、素质看起来也差不多，其不同在于章飞能够第一次就把事情做好做对，而肖雨却不能。但正如俗话所说的："差之毫厘，谬以千里。"这半步之差，就成了成功者与失败者的分界线。

其实很多时候，优秀和普通的区别就在于能否比别人多想一步。同样的小事情，如果有心，照样可以做出大学问。

在工作中，每个员工第一次就把事情做好做对，是提高效率和获得机遇的第一步。相反，你一次若是做不好做不对，就很有可能在职场上被踢出局，从而失去了更多的机会。

某广告公司的员工就犯过这样的一个错误，在为客户制作的宣传广告中，将客户的联系电话中的一个数字弄错了。当他们把制作的宣传单交给客户时，客户由于时间紧，第二天就要在产品的新闻发布会上使用它，所以没有详细审核就接收了。直到新闻发布会结束后，在整理剩下的宣传单时，才发现关键的联系电话有错误，而此时这样的宣传单已发放了5000多份。

客户一怒之下，向广告公司要求巨额赔偿。由于错在己方，再加上客户召开新闻发布会的费用的确巨大，无奈之下，广告公司只好按照客户的要求进行了赔偿。然而，事情并没有就此结束，这件事情传开后，广告公司也在客户中失去了信誉，渐渐没有生意可做了，因为没有人再敢把业务交给他们去做，害怕再出差错给自己带来麻烦和损失。

这样一次看似小小的失误，就把一家本来极有前途的广告公司击垮了。我们不妨设想一下，假如广告公司的员工在工作时能细心点，一次就把工作做好做对，那么，这样的结局是完全可以避免的。

注重效率，第一次就把事情做好做对，不是一个简单量化的工作标准，而是一个改变所有组织和个人的有效的工作哲学和方法。第一次就把事情做好做对，代价最小，质量最高，收效最大。通过第一次把事情做好做对，人们可以达到工作的最高境界：建立预防体系，实现“无火可救”。

也许有人会说：“第一次没做好没做对不要紧的嘛，我可以再做第二次、第三次。”是的，第一次没做好没做对时可以做第二次，甚至是第三次，但是这样做既浪费时间又浪费精力。若第一次没把事情做好做对，忙着改错，改错中又很容易忙出新的错误，恶性循环的死结越缠越紧。这些错误往往不仅使自己忙，还会放大到让很多人跟着你忙，造成巨大的人力和物资损失。

我们无论做任何事情都要勤于动脑思考，养成一次就把事情做好做对的习惯。能一次办好的事情，坚决不能重复第二次，这是个人能力的充分体现，同时也是工作整体的要求。而工作无头绪，思想不集中，反反复复，拖拖拉拉，则是工作之大忌，尤其是在公司为满足市场需求，需要高质量、高产量和高效率完成任务的时候，这句话的作用显得尤为重要。为此，初入职场的员工们要认真学习“第一次就把事情做好做对”的精神，深刻领会它的含义，把它作为自己的工作准则，落实到实际工作中去。

所谓对的人，不一定是最优秀的人，但一定是最适合的人。设想，企业在招募人才时，如果没有第一次就找到对的人，让对的人来为你的企业卖力，你可能会面临不断为这个头痛人物收拾残局的问题。既需要不断为他留下的各种小问题，进行处理及善后，又需要为他不能和企业成员融洽相处等各种后遗症，不断疲于奔波，解决处理。其后续所花费的心力，远比当初谨慎选择一位适合的人才，要多十倍或二十倍的心力及时间。

另外在新进成员刚进公司时，第一次，就要养成新进人员的士气、团体作业的态度、颇具效益的做事方法。一旦良好习惯养成了，日后也不需花费太多时间，再纠正调整其做事方法及态度，反而可让新进成员上手后，运用其自身意志，以最适合企业属性及认知的方法来处理每件事。

注重效率，第一次就把事情做好做对，不仅是对自己负责，也是对企业负责。职场上需要这样的员工，商场上需要这样的合作伙伴。能一次就把事情做好做对的人，是现代社会需要的人，是值得信赖并受大家欢迎的人。

不过，我们在力求“第一次就把事情做好做对”时，也应多注意一些细节，比如在分工合作时，用词一定要准确，切忌笼统，否则，模糊的语言就有可能影响工作的有效执行。

在一次工程抢险中，技术员小刘和同伴们在紧张地工作着。这时，他急需一把螺丝刀，于是便对离自己最近的小张喊道：“快，去拿一把螺丝刀来。”小张飞奔而去。但小刘等了很久，小张才气喘吁吁地跑了回来，他手里拿着一把小号的螺丝刀，“我认为你最需要的是这把，所以就拿来了。”

小刘接过来一看，生气地说：“谁让你拿小号的，我是要最大号的！你怎么连这都不知道呢？”

小张没有申辩，但显然地，他心里很不高兴。此时小刘突然意识到，自己让小张去拿螺丝刀时，并没有明确地告诉他自己需要多大号的。小刘知道出现错误的根源在自己，因为他没有具体地说明需要什么样的螺丝刀。

于是，小刘便缓和了语气，抱歉地对小张说：“我要的螺丝刀是工具箱内最大号的那把！”这次，小张很快地就拿着小刘要用的螺丝刀回来了。

我们要提高工作效率，就要懂得第一次就把事情做好做对的道理，要坚持“第一次就把事情做好做对”的理念。“好与对”是战略，“做”是执行，“第一次”是效率。第一次就把事情做好做对，不仅关系到企业成败，也关系到员工的前途和命运。

“第一次就把事情做好做对”是一种追求精益求精的工作态度。工作的最高境界是符合工作的要求，工作的质量就是事业的生命源泉，“第一次就把事情做好做对”是保证工作质量的基石。

实践“第一次就把事情做好做对”的工作理念应该做到以下几点：

1. 首先要确定你工作的目的：为符合客户的要求而工作，而不是自己的主观意愿。

2. 建立一次做对的基本标准。

3. 消除达成这一标准的障碍:取消工作中的“返工区”,尤其在精神上树立为标准而努力工作。

注重效率,第一次就把事情做好做对,才有可能成为企业最优秀的员工。

## 7. 积极主动,工作不分分内还是分外

在职场中,我们经常会听到员工这样的抱怨:“老板不给我机会,老板不重视我,老板从心底里就看不起我。”其实,事情根本不是这样。当很多机会摆在你的面前时,你却找借口拒绝了它。如果你能够在工作中时刻保持一颗责任心,不论是分内还是分外的工作,都能积极主动地将其完成,还怕没有机会吗?还怕得不到老板的赏识吗?

如果我们要想在平凡的工作中做出成绩,要想从众人中脱颖而出,工作就不应该分分内还是分外。只要积极主动地承担,成功便不是遥不可及的梦想。

覃礼科是一名铲车司机,2008 年初加入广西华怡纸业有限公司,连续两次荣获先进工作者称号。说起他的为人和工作态度,同事们无不竖起大拇指连连夸赞——品性宽厚老实,豁达乐观,对待工作积极主动,不分分内分外,不斤斤计较,实乃俯首甘为孺子牛的劳动模范。

覃礼科积极主动的工作态度令很多员工对他心生敬意、佩服万分，“每个部门能多几个像覃礼科这样的员工就好了！”这是大家对覃礼科最简洁也是最直白的评价。

古人云：“宝剑锋从磨砺出，梅花香自苦寒来。”话中的哲理浅显易懂，在覃礼科朴素的人生观里，最通俗的理解是“先苦后甜”。

两年间的时间里，他始终与公司同呼吸共命运，一步一步见证公司从当初的青涩稚嫩成长到如今的日渐成熟。

2008 年 1 月，公司刚开始动工，覃礼科和几个表兄弟一同前来应聘，“刚开始还真不习惯，一路上都是泥巴地”。

在办公室人员的引领下，他们一同绕厂转了一圈，对环境有了一个大体的轮廓后，同去的几个表兄弟被吓住了，放弃机会另谋他就，覃礼科心想：“既然来了，就好好做吧！”

“当初愿意留下来的原因是什么？”覃礼科若有所思地说，“我认为，凡事都有一个先苦后甜的阶段，无论是人生，还是公司的发展历程都是如此。”回忆起两年前，正处在开工建设时期的生产区还是一片荒芜，工作和生活的艰辛片段让他印象颇深，如今一切发生了翻天覆地的变化——一幢幢宽敞明亮的厂房、食堂和仓库拔地而起，无论是厂区环境还是生产业绩都取得了令人瞩目的成果。

“和公司同样是先苦后甜一起走过来的，我心里感觉特别地实在！”虽然加班苦，加班累，但丝毫不妨碍他对现在的生活津津乐道，“生产基础设施逐步得到改善后，感觉工作起来更加得心应手，后勤保障也做得不错。”他一脸满足地说，他现在比刚开始过来的时候胖了二十多斤，日子真是越过越美好。

两年多来，受时间、路途等影响，跨省的外来务工者很少有机会能回家一趟，而覃礼科的家就在贵港的毗邻城市——首府南宁，两地往返至多耗费 3 个小时，可是他回去的次数却非常少。

“平时工作安排得满满的，很少能抽出合适的时间回去。”之后他又冥思了一小会儿，接着说道："2008 年总共休息了两天，2009 年休息时间加起来不超过 5 天，2008 年每天工作基本保持在 10 个小时左右，在 2009 年中，至少有半年时间，日工作保持在 11—12 个小时。"

"去广东打工的人，好几年不回家是常有的事，我这算不上什么。"覃礼科说，"既然出来工作，就要勇于担当，做好一切心理准备，如果事事过于思前想后、患得患失，很难安心做事，与其天天背着包袱工作，不如妥协在家不要出来拼搏。"

哪怕离开公司就仅仅几天时间，覃礼科还是会放心不下这边的工作，"今天的发货量大不大，叉车司机能否忙得过来？""叉车、铲车的老毛病会不会又冒出来？"等等担忧会不时在他的心头萦绕。

2010 年年初，覃礼科抽空回了一趟南宁，之所以暂别公司还是因为驾驶证到期，需要再次年审才离开了两天。"还好那两天，公司的车没有出现问题"，说这话的时候，他深深地吁了口气，接着他补充说："加班加点还能应付，最怕是生产用车罢工，刚修好的车不到三天两头又出事情，更无奈的是，有些问题连他们都束手无策，看到生产受到影响，他们的心里也不是滋味。"

按时、按质、按量完成本岗位的工作，是每个员工责无旁贷的职责，但是在覃礼科眼中，工作界限并不是那么清晰，许多分外之事，他经常主动请战。

身为铲车司机的他，在铲完煤渣、浆料，本该下班的时候，如果当天发货量大，他会很自觉地转战仓库，帮司机搬纸装货，毫不计较地继续卖力地奋战在非本岗位一线。

"你可以不做的，既然完成了自己的工作，干吗还干那分外的活？"工友问，覃礼科摇摇头说："我从来都没有这样的心态，大家同属仓库部门，一荣俱荣、一损俱损，彼此之间分工但不分家，并不是多做一件事或多帮别人干一点活儿就是吃亏。自己出一份力，把原先繁重的活分摊下去，最终大家都轻松。如果人人都只顾自己,个个都受累!”

关系到生产的工作,覃礼科一直保持着极高的热情,一天工作结束后,如果还有需要他的地方,他依然义不容辞、毫无怨言。据了解,曾经有三四次在半夜发生工伤事故,熟睡中的覃礼科接到电话后,毫不犹豫挺身而出充当救护司机接送。“只要覃礼科在厂里,就不怕半夜找不到人把伤者送往医院,他是我们的定心丸!”人力资源部这样说道。

覃礼科说:“大家同是华怡一份子,无论谁有困难,只要能帮得上,就帮上一把,没必要计较太多,更何况工伤是人命攸关的大事,帮了对方自己也不会损失什么,不帮自己的良心过不去。”

因为工作需要,覃礼科曾当过几个月的叉车司机,加之平时经常串演“角色”帮忙装货,使他对叉车司机的工作有了较深的了解。

叠货操作是叉车司机的日常工作,每一个步骤都力求“快、准、稳”,不但要将纸堆垛好,操作精准度和安全操控的细节也要做得很到位,否则很容易出现抱烂纸的情况,给公司带来一笔不小的损失和不必要的麻烦。

两年来,覃礼科目睹不少抱烂纸的现象,他认为之所以抱烂纸,既有技术生疏、能力不及的局限,但更多是司机本人责任心不强在作祟:有的司机为抢时间求速度,肆意横行,不理会紧挨的纸而继续前行,以致不少完好的纸被车碰坏、擦烂。

“这些纸又不是我的”,“抱完就下班了,还管它烂不烂”……覃礼科说,每当听到这些,他都感到很悲哀。

“那一捆捆纸是由一层又一层的薄纸卷成的,如果就因为责任心淡薄而受损,这该是多么可惜啊!”覃礼科认为,里面毕竟倾注了抄纸工的努力和汗水,如果自己的工作成果也被他人如此践踏,试想自己又是一种什么感受。

“我主张按个人能力驾驶,同时要细心兼顾周围叠起来的纸,鲁莽行事的后果只会是抱烂纸甚至碰伤路人,酿成大祸。”覃礼科说，“贪图方便、勉勉强强的工作态度害人害己，希望司机能把公司的纸当作是自家的财产一样小心爱护，严于律己，细心谨慎地搬运堆垛，相信抱烂纸的现象会减少。”

两年多来，覃礼科积极主动地工作，对厂里加班的做法没有流露丝毫的抱怨或抵触情绪。自从加入公司之日起，他就一直以公司为中心，勤勤恳恳、踏踏实实地为公司献出自己的一份力，而且无论是工作态度、工作完成情况还是人品，在同事圈子中历来是有口皆碑的。

公司领导也看到了他的突出表现，连续两年授予其先进工作者荣誉称号，而且他是连获两次获此称号的少数员工之一。对于获奖感言，覃礼科说：“真正做事的人，不用他人声张，管理层也能看得到！行动是最有说服力的语言，并希望以此与全体华怡人共勉！”

工作本不应该分分内还是分外。而有些人总是把分内的工作做得扎扎实实，分外的工作却淡然处之，甚至事不关己，高高挂起，一副满不在乎的样子。其实，这样的工作态度不可能得到上司的赏识。相反，那些对分内工作尽职尽责，分外的工作只要有益于人、有益于单位、有益于社会的事情也会热心去做，且尽力而为的人，一定会得到大家的尊重和敬仰，也经常会受到领导的器重和组织的重用。

通过对现代的心理学的研究发现，当一个人觉得某件事与自己没有任何瓜葛时，大多表现为漠不关心，但当他觉得此事应该与自己有点关系时，才有可能去承担相应的责任。

因此，在现实职场中，每当遇到一些难题时，很多员工都先考虑的是“这件事与我有关吗？如果这件事我没有做好，将来会不会脱不了干系呀？”基于这种心理，很多人都会“聪明”地选择不做或者少做，这样就可以先保证自己的利益不会受到损害。

事实上，工作原本没有分内与分外之别。一个能够完成岗位职责规定的员工，是个合格的员工，因为他证明了自己符合职位的要求。但是，他还不是一个好员工。一个好员工，会超出自己的职责范围来思考问题，时常考虑分外的工作，多做分外的事情。日本佳能公司《员工培训手册》上就明确提出要求："提前做好分内工作，时刻准备做好分外工作。"

对于企业里的任何一个员工来讲，如果只是安分做分内的工作，觉得做分外的工作不值得，即便不会被炒鱿鱼，也不会得到老板的重用，注定永远没有出头之日。而多做一些分外工作，不但是内心责任感的直接体现，还能够获得良好的信誉，积攒一笔巨大而无形的财富。

智慧的人总是多做事情，投机者总是少做事情，总是想偷懒。不要局限于自己的分内工作，更不要抱着"我只要负责自己的工作就好了"的想法，而要睁大眼睛，看看"除了职责之外，我还能多做什么"。对于所谓分外的事情，你是视而不见，还是认真观察、主动动手？这很可能成为影响你前途的重要因素。分外工作有时是机遇，有时是友谊，有时是奉献，有时是进取，有时也是一种生活态度……

在公司里，虽然我们不一定非要去承担分外的工作。但是对于一个优秀的员工来说，只要是对公司有益的工作，他们就不会置身事外、袖手旁观。尽管这些工作会占用他们很多时间，但他们却毫无怨言，用自己的责任之心，心甘情愿地为公司分担事情，多做一些分外工作。

"你付出多少，就会收获多少"，这是一个世间万物的因果法则。对于工作和生活的人们谁都不能逃脱这个法则的控制，也许你的付出无法立刻得到相应的回报，很可能你周围有人看起来付出的比你少而得到的比你多，但是也不要气馁，应该一如既往地多付出一点。回报可能会在不经意间，以出人意料的方式出现。除了老板以外，回报也可能来自他人，以一种间接的方式实现。

因此，身处职场之中，我们不要过分地斤斤计较，应该积极主动地去工作，不管是分内还分外。而且，多做一些分外的工作，就会多一次学习和锻炼的机会，就会多收获一种技能，多熟悉一份业务……这样才不愁得不到老板的认可和青睐。也只有做到这一点，我们才能抓住成功的机会，才会最终走向成功！

8.

# 勤于学习，精益求精提升自己

在工作中，很多员工本来有扎实的基础，但由于疏于学习，不求上进，最终走向平庸。相反，另外一些人，刚开始在工作中表现并不十分出色，但是因为他们有强烈的求知欲，勤于学习，不断进取，凡事都追求精益求精，结果，这些人在事业上最后都取得了很大的成功。

身在职场，要求把任何工作都做得精益求精，不然你就一定会被淘汰。而要把工作做得精益求精、尽善尽美的前提是你要有丰富的知识，高超的本领。成功往往与精确的行动有关，那些对工作不能深入了解的人只能导致更高的错误率。凡是优秀的员工，都是在工作中勤于学习，不断为自己充电，不断提升自己的员工。

因此，我们要努力做到勤于学习，善于学习，勇于实践，敢于创新。如果你想成为职场的精英，就更需要发奋努力，刻苦学习，使自己早日变成一个完美无缺的人。我们勤于学习意味着不仅要把学习作为掌握知识、增强本领的重要手段，更要把学习作为一种工作责任、精神追求和思想境界来认识、对待。

1988 年，刚刚毕业离开校门的邓建军只有 19 岁，他踏进了“黑牡丹”的前身常州第二色织厂成为一名普通工人。此时的常州纺织业不再是昔日辉煌的龙头企业，面对的市场竞争挑战极其严峻，企业的很多上世纪 50 年代的设备正在市场的大浪淘沙下迅速落伍淘汰。

对于刚毕业的邓建军而言，跨进这家正在用“黑牡丹”牛仔布打开国际市场的国企，他在感到一种巨大挑战的同时，更多的是觉察到机遇悄悄走来的气息。他庆幸自己赶上了企业升级换代的新契机，坚信自己可以一展抱负。于是邓建军辞去了原本安排在科室工作的职务，主动要求到一线上岗，同时也坚定了自己要在企业一线寻找用武之地，展示聪明才智的决心。

然而理想与现实，开始总是存在一定距离。换岗不久，他就因为技术上的不过关导致维修不及时让企业损失了几千元。这件事让邓建军顿悟到："工种是社会化大生产的产物，市场经济淡化了工种概念；订单是市场下的，企业需要什么我就应该学习什么、做好什么。"

所谓"三人行，必有我师"，他虚心向师傅请教，向负责机械维修的师傅们学习，在实践中努力提高自己，朝着"精一、会二、学三"的目标迈进。机器不出现故障，他也还是一有时间就到车间去学习，熟悉织造工艺的流程，掌握各种机械基本原理……日复一日，他逐步掌握了厂里各种机器的机电故障，对各种复杂电气的基本线路都熟记于心。厂里的那些挡车工再叫他修车时，邓建军已经能手到擒来了。曾经被人称作"小邓"或者"建军"的他也被人改口称为"邓师傅"了。从普通的新技工到有经验的师傅，就是这样一个下笨功夫的过程，是一步一个脚印的成长。

在工作中他逐渐意识到专业知识的重要性，而自己的专业出身又不够硬，于是邓建军除了在平时的工作中积累心得以外，还不断地啃书学习，从书本中给自己的头脑充电。他给自己制订了强制性的学习计划，规定每天晚上必须看一个半小时的技术书籍和有关资料才能休息。平时他还利用网络搜集英文方面的资料，从中获取与电气、机械、纺织专业有关的各种信息；同时他特别注意针对企业需要广泛搜集与进口设备有关的资料，以便跟踪了解国际上纺织机械电气自动化技术的最新动态和进程。

一点一滴的获取，一天一天的积累，邓建军实践着"铁杵磨成针"的信条，先后自考了本科，自学了 200 多册针对企业需要的专业书，这个过程中又因为看资料的需要而自学了英语和德语。有了专业和语言的扎实根基，他领衔攻克了长期困扰牛仔布行业的染色色差控制难题，并成功地利用染料组分控制系统有效地控制了颜色的差异度，而这一成果是国内首创和国际领先的。

就是这样一位普普通通的一般技术型人才，在岁月的见证下成长为精益求精、不断提升自己、不断在一线主动寻找课题的工人式专家。

我们时常会说“书到用时方恨少”，其实学习就是一种积累，没有平时的日积月累，就没有用时的得心应手了。很多时候我们会认为知识可以从书本中摄取，殊不知，到实际工作的应用又是另一回事了。许多问题往往不是单单用条款清楚明确可以断定的，那么此时向老同志学习，向同事请教，便是一个很好的获取知识的途径。正所谓“学海无涯”，学习是终身的事，不学习就无法适应时代的要求，就连工作也无法承担，“活到老学到老”这句话还是要好好牢记。

南昌南车段的检车员刘发根，刚参加工作的那一段时间也经历过困顿：他发现自己在学校学到的知识和实际业务有很大差距，甚至有很多的零部件都不认识。“纸上得来终觉浅，绝知此事要躬行。”刘发根自我加压，强化在实践中的学习和训练。

于是，在业余时间里，刘发根经常一个人来到沙北编尾的站修所里，一个人反复钻研：拆解报废车辆的零部件、再装好、再拆下、再装好；对那些陌生而繁多的零部件，他就用粉笔把名称写在上面以记得更清楚。

为了增加自己的专业知识，他给自己定下了严苛的学习计划，所有的业余时间都投入其中，十几本规章制度，7000 多道技术业务题……摞起来足有一尺多厚的资料。整整三年，他书不离手。

为了苦练技术，在气温高达四五十摄氏度的训练场上，他几乎在玩命般地反复练习，汗水使他的衣服没有一根线是干的。有时练久了，小腿像筛糠一样抖个不停，吃饭时手抖得菜都夹不起来。

一段时间过去了，又一段时间过去了，刘发根终于对车辆检修技术有了整体而全面的掌握。

2005年，首届全国铁道行业技能大赛。刘根发以26秒的好成绩，技压群雄，刷新了保持20年的全国纪录，获得货车检车员全能第一名桂冠，成为货车“快速修”的明星！

而此时，他参加工作才刚刚满4年！

为什么刘发根能在短短4年之中取得如此优异的成绩？“我不比别人聪明，要比别人做得好，就只有别人做一遍，我做两遍三遍，别人做两遍，我就做四遍五遍。”这就是执著的力量。

刘发根以优异的业绩成为全国五一劳动奖章获得者、铁道部火车头奖章获得者和全国技术能手。

只要看一下刘发根的手指甲，就可以知道成功背后的磨砺了——10个手指甲形态各异，与众不同：三角形、菱形、圆形、方形，每个指甲都镶有一道黑圈儿……然而这却是巧手匠心的最佳写照，刘发根通过不断地学习，精益求精提升自己，告诉了我们成功的可能性。

“九层之台，起于垒土；千里之行，始于足下”，事业的收获，是来源于点点滴滴、日积月累的付出。总在嘲笑别人愚笨的人，往往才是最愚蠢的。

在企业中，有很多员工都没有把根基打牢，没有注重学习，所以过不了多久，他们的工作便会像一所不牢固的房屋一样倒塌。勤于学习，以精益求精的态度去做事，可以使你的才能迅速提高，学识日渐充实，而且可以逐步胜任其他更重要的工作。

我们只有勤于学习，才能不断丰富自身的修养，才会在职场中如鱼得水。工作中处处是知识，只要我们善于发现知识，勤于学习，那么精益求精、提升自我自然就不在话下了。

职场中勤于学习是不断充实自己，有效指导工作的前提。知识的无限性，认识的局限性，执行的偏理性，决定了加强学习的重要性。人固有的知识是极其有限的，在各项工作中都会遇到新情况和新问题。我们要勤于学习一切新的理论知识，不断用新知识、新观念武装大脑，使自己在工作中能够游刃有余。那么怎样做一个勤于学习的人呢？

首先，勤奋好学就必须解决学习动力问题。学习是件刻苦的事情，作为一名职场人，我们真得要有“头悬梁，锥刺股”的刻苦精神，要有滴水穿石、持之以恒的毅力，要有如饥似渴的自觉行为，否则让学的不努力学，让干的不会干，该会的还是不会，做好工作就成为一句空话，就会辜负领导和同事对我们的期望。

其次，学以致用是有效解决“本领恐慌”的捷径。职场的我们要勤于学习专业知识和工作理念，先别人一步做到真正掌握。只有熟记于心，融会贯通，才能提高自己的理论水平，确保工作方向不出偏差，开展工作才能够得心应手，事半功倍。

那么，职场中的朋友们，还等什么呢，放下你高傲的姿态，勤于学习吧！相信成功就在不远处等你。

# 第七章

# 时刻牢记责任，勤耕“责任田”收获“放心果”

无论面对什么样的任务，都要时刻牢记自己的责任；无论在什么样的工作岗位上，都要对自己的工作负责，勤勤恳恳、认认真真地去耕种那块“责任田”。除此之外，别无选择。要知道，接受了任务就意味着做出了承诺，就意味着要“克服任何困难”去执行。职场中的每个人都要时刻牢记自己的责任，责任感就是执行力，不负责任就不会去执行。勤耕“责任田”才会收获“放心果”；相反，不耕“责任田”，收获的只能是“苦果”。

# 1. 时刻牢记责任，把责任当成自己的使命

对于一个人来说，不管从事什么职业，都应时刻牢记自己的责任，并把责任当成自己的使命。因为这是一个人具有强烈工作责任心的体现，是一个人具有良好的职业道德的体现，同时也是具有强烈国家主人翁精神的体现。

作为一名员工，我们就应该牢记自己的工作职责，不但要认真履行自己的工作岗位职责，积极做好本职工作，保质保量地按时完成各项工作任务，保证工作岗位的安全生产，还要考虑到整个企业的效益，做好本职之外的工作。

北川县是全国唯一一个羌族自治县，也是汶川地震中受灾最严重的一个县，而经大忠就是这里的县长。

2008 年 5 月 12 日下午，全县青年创业表彰大会正在北川县委礼堂举办，机关干部、受表彰的青年和学生，加起来一共 300 多人，经大忠作为嘉宾也在其中。会议还没开始，人们就微微感觉大地有些震动，还没等大家回过神来，大地就猛烈地震动起来，主席台后面的房顶和墙体都垮了下来，坐在前排的人被震起一米多高。

一时间，所有人都慌乱起来，惊叫声、哭喊声此起彼伏。礼堂只有两扇一米多宽的门，如果大家一拥而上，后果不堪设想。情急之下，经大忠大吼一声："大人留下，学生先走！"然后赶紧打手势，让人群疏散。

200 多名学生很快撤了出去，经大忠担心学生在外边是否安全，随即也从垮塌的侧墙跑了出来。从礼堂出来之后，经大忠立即意识到北川发生了前所未有的大地震。他的第一反应就是，必须先弄清全城情况，尽快把幸存者集中起来。于是，他马上安排人员留在县委大院，组织疏散群众、抢救伤员。他亲自带人迅速查看灾情，并组织临时建立了四个疏散集中点，把幸存的人集中起来。让大家在各个集中点不停地大喊："政府在这里设立了疏散集中点，你们不要慌，不要乱跑！通知你们单位、家人和周边群众到这里来。"大家一听政府设立了疏散集中点，就迅速往这边跑，很快就集中了近万人。这一举动，及时缓解了灾难后人心惶恐的继发性灾难。

与此同时，经大忠组织人用双手刨，用绳索吊，靠人背、抬、扶等最原始的办法救人，一直到天黑前，他们硬是从废墟里救出了 1000 多个人。晚上，余震不断，风夹着雨，远近不断传来哭泣声、呼救声和呻吟声，伴随着山体的垮塌声，人们感到极度的恐慌和无助。经大忠组织党员干部，一边安慰废墟中的群众，为他们打气，一边收集食物和水，以及能遮风避雨的东西，尽可能使数千受灾群众能避避雨、充充饥，熬过这艰难的一夜。

5 月 13 日下午 5 点，经大忠接到群众报告：茅坝小学废墟下还有活着的学生！他立即领着大家赶过去，循着呼救的声音，找到了水泥板垮塌的掩埋点。透过缝隙，他看见两个小女孩在不停地挣扎。这时，学校后面山体还在不停滑坡，救援的风险非常大。但经大忠顾不得这些，他赶紧和大家一起想尽各种办法进行营救，经过一个多小时的努力，终于救出来三个小女孩。这时他才想到，自己十一岁的外甥女也在这所学校读书，地震后一直没有消息。但他没有时间打听她的下落，他必须赶到另一个地方救人。后来，就在与他们救出那些孩子只相隔三十米远的地方，找到了外甥女的遗体。当时，又有人告诉他，他的妹妹和一个侄儿、两个侄女都遇难了，大家劝他去看看，争取能见上最后一面，经大忠沉默了一会儿，只说了一句话："失去的永远回不来，我的任务是救活人！"事后，面对记者的采访，经大忠终于忍不住流泪说："我对不起妹妹和侄儿侄女，希望你们在天之灵能够原谅我，我无法撇下父老乡亲，因为他们也是我的亲人！"说完，他又立即投入到紧张的抢险救援工作中去。

5月14日下午，经大忠带领工作人员在废墟中救起了一个小女孩。当经大忠抱着孩子往担架跑的时候，孩子一直在哭泣。经大忠摸着她的脸，安慰她："别怕，孩子，爸爸救你来了！"这一幕让在场的所有人动容。

地震发生后，经大忠三天三夜没有合眼，他时刻牢记自己的责任并且默默无闻地去履行。他说："群众是我们的兄弟姐妹，只有我们舍命，被埋的人才有更大的希望获救。"大地震之后，北川县城大部分被埋，经大忠家中的六个亲人全部遇难。他就是这样牢记肩上的责任，忍受着巨大的悲痛，始终战斗在抗震救灾第一线的。

责任是一个人驱动自我的原动力。作为一名员工，即使从事最平凡的工作，也应时刻牢记自己的责任，把它当成自己的使命。如果你时时刻刻牢记自己的责任，那么成功就不会离你太远。责任感推动着平凡的员工在平凡的岗位上做出不平凡的事情来。

时刻牢记责任的人，工作起来不会推诿、漫不经心。很多时候如果在岗位上敷衍了事，一定不是看中了自己的工作内容，很可能看中的是这个岗位上的待遇、名誉等等。这样的态度是做不好工作的。而只有时刻牢记自己责任的人，才会对工作负起责任，才会真诚地面对工作，最终走向成功的康庄大道。

徐卫东是中国移动广东公司揭阳分公司的副总经理、广东省志愿者联合会理事、市志愿者协会副会长。

徐卫东一直致力于移动通信事业的发展，特别是2006年担任揭阳移动副总经理，分管公司的网络工作以来，视网络水平为公司发展的生命力，想方设法抓好公司的网络建设工作。他带领公司员工，从揭阳实际出发，奋力拼搏，开拓创新，前瞻性地做好网络规划和网络投资；创新施工方式，实施一体化管理方式，推进三网融合施工，统筹各方资源，高效优质推进网络工程的各项建设；创新网维支撑，不断提升网络管理水平，培养网络人才，适应日益复杂的网络需要，使公司的网络经受住各种考验。每当春节或大型节假日，正是移动话务高峰期，为确保节日期间通信畅通，他放弃与家人团聚的机会，与网络值班同事一起坚守在监控室，现场指挥网络故障的处理工作。在他的带领下，揭阳移动网络各项考核指标，均达到或超过省公司考核目标值，客户满意度列全省前茅，为揭阳移动的发展奠定了坚实的基础。

徐卫东是个时刻牢记自己肩上责任的人。他经常在想，如何让现代通信惠及边远山区，使所有人民都能享受方便、快捷的移动通信服务？为此，他不辞辛苦地率领有关人员走遍全市所有村落，开展了村庄网络覆盖情况的专项调查，对全市4005个村庄进行全面的网络测试，并制定了详细的全市网络覆盖方案，投资1000多万元，轰轰烈烈地开展了“村村通工程”。经过半年的日夜奋战，终于实现了全市行政村100%的覆盖，彻底解决了人通未通、能通未通、应通未通、服务普及而未通的问题，为建设社会主义新农村做出了应有的贡献。为此，村民们非常感谢，特地给该公司送来“移动信息专家 情系山区百姓”的锦旗。

徐卫东在责任感的驱动下，通过不懈的努力终于取得了丰硕的成果。2009年公司运营收入突破12亿元，客户规模超越200万，上缴国家的税收近两个亿。公司先后被评为“全国文明单位”、“全国精神文明建设先进单位”、“广东省先进集体”、“广东省文明单位”、“广东省思想政治工作优秀企业”、“广东省企业安全生产工作先进单位”、“安全企业文化示范单位”、市“依法诚信纳税企业”。公司服务厅被评为省、市级“青年文明号”、“巾帼文明示范岗”、“文明窗口”等。他个人也获得了广东省安全生产先进个人、优秀共产党员、优秀志愿者和市优秀职工之友等荣誉称号。

徐卫东还是揭阳志愿者服务的一面旗帜。他自2008年担任市志愿者协会副会长以来，秉承着志愿者协会“凝聚爱心，传递关爱，服务社群，共享和谐”的服务宗旨，带领协会全体成员，积极参与“希望工程”、扶贫助学活动，在当地团委的大力支持下，抓住“南粤会亲·春苗行动”的机会，组织揭阳移动志愿者服务分队开展失学儿童认捐行动，在他的号召下，揭阳移动共认捐了近60名失学儿童，捐款近13万元。

2008年汶川大地震，徐卫东个人直接通过中国红十字会向灾区捐款10000元，还通过缴纳特殊党费、短信捐款和工会帮扶中心等方式捐款近3000元。同时，他带动家人积极参加红十字会的各种志愿服务工作，并组织内部员工参与抗震救灾志愿活动，筹得了近28万元的善款；为了筹集更多的善款，他组织揭阳移动志愿者服务队联合市红十字会、团市委在市青年文化广场发起了“一方有难，八方支援”的现场募捐活动，在短短两天内向广大市民派发了“伸出援手，挽救生命，托起一份希望！”的倡议书约2000份，共筹得款项90000多元；他还组织揭阳移动的青年志愿者联合揭阳日报社举行了现场报纸义卖活动，又筹得12000元赈灾款项。

在徐卫东的倡导下，揭阳移动志愿者服务队开展了“春风暖三江、我为彩虹添光彩”系列活动，上门慰问敬老院孤寡老人、经济困难学生、残疾人近300人次，特别是揭阳移动市区志愿者服务支队还长期资助抚养5个残疾孤儿。徐卫东以及他带领的揭阳移动志愿者服务队的无私奉献精神得到了社会的高度肯定和好评。

徐卫东认为，“作为一名政协委员，既是一种荣誉，更是一种责任，只有时刻牢记自己的责任，并且切实去履行好委员职责，才不辜负委员这个称号”。自任政协委员以来，他积极参加政协的各种会议、调研视察、考核评议等活动，切实履行政治协商、民主监督、参政议政职责，为揭阳市经济和社会的快速发展做出了重大的贡献。

凡是把工作做得非常好非常棒的人，都是时刻牢记自己肩上所担责任的人。美好的生活来自于稳定和安心的工作，来自于对工作的态度。大家在企业中都有一个定位，都承担着相应的工作责任，只有把自己的工作按时按质完成好，才是一名合格的员工。

因此，不管你正处于哪个工作时期，你都应该时刻牢记自己的责任，把它当成自己的使命，全心全意地做好本职工作。有一位哲人说过，人一旦牢记自己的责任，内心就会生出一股无穷的力量。这股力量会促使你朝着自己的目标去努力，哪怕要经历挫折、痛苦和磨难，只要一想到要尽一份责任，人就会变得无所畏惧。许多人与我们同时起步，开始做着同样简单的工作，但后来逐步晋升到我们之上，其中一个重要的原因就是他们时刻牢记自己的责任，总是心存责任感，认真地做好每一件事。这样，他们的成功也就是意料之中的事情了。

## 2. 有责任感的人，不知道被动的滋味

儒学大家孟子说，“非不能也”而是“不为也”。我们怎么来理解这句话呢？这句话的意思就是并不是你不能做到，而是你不去做；并不是你没有这个能力，而是你没有去发挥这个能力。你的不负责任，你的不主动，

导致了自己的被动，最终没有任何作为！

俗话说得好："做事不主动，前途就被动"。这句话可谓一语中的地道出了主动出击所具有的深刻意义。做任何事情都是这样，如果你不主动，就等于把操纵命运的主动权交了出去，自然，前途和命运也随之陷入受他人操控的被动局面。

实际工作中，老板真正需要的是那些负责、主动的员工。因为有责任感的员工，不知道被动的滋味。他们都不是被动地等待上级安排工作，而是主动去了解自己应该做什么，然后做好计划，再全力以赴地去完成。问题在于，企业里有很多员工对待工作都缺乏责任感和积极主动的精神，他们把自己当成一台机器，不敢越雷池半步，不敢有自己的想法。有的人甚至即使发现领导的工作安排有问题，他们也会按照惯例错误的安排去做"分内"的工作。

李勇出身于工薪阶层家庭，因为兄弟姐妹比较多，他高中毕业后不得不放弃上大学的机会，到一家百货公司打工。但是，他不甘心就这样工作下去，每天都在工作中不断学习，想办法充实自己，努力改变自己的工作境况。

经过几个星期地仔细观察，他注意到主管每次都要认真检查那些进口商品的账单，而且账单用的都是法文和德文。他便开始在每天上班的过程中仔细研究那些账单，并努力钻研学习与这些商务有关的法文和德文。

有一天，他看到主管十分疲惫和厌倦，就主动要求帮助主管检查。由于他干得很出色，以后的账单自然就由他接手了。

过了两个月，他被叫到一间办公室里接受一个部门经理的面试。部门经理的年纪比较大，他说："我在这个行业干了40年，根据我的观察，你是唯一一个每天都在主动要求自己不断进步、不断在工作中改变自己，以适应工作要求的人。从这个公司成立开始，我一直从事外贸这项工作，也一直想物色一个助手。这项工作所涉及的面太广，工作比较繁杂，需要的知识很庞杂，对工作的适应能力要求也特别高。现在，我选择了你，认为你是一个十分合适的人选，我相信公司的选择没有错。”

尽管李勇对这项业务一窍不通，但是，凭着对工作主动积极的态度，他的能力不断地提升。半年后，他已经完全能胜任这项工作了。一年后，他接替了那位经理的工作，成了这个部门的经理。

老板永远不会欣赏那些“按钮式”的员工，他们需要的是那些能够主动工作的员工。这样的员工有着很强的责任感，他们不知道被动的滋味，而是在工作中主动地学习，主动地找事做，从而时刻激励自己朝着心中的目标前进。

钢铁大王卡耐基曾经说过：“有两种人绝对不会成大器，一种是非得别人要他做，否则绝不主动做事的人；另一种则是即使别人要他做也做不好事情的人。那些不需要别人催促就会主动去做应做的事，而且不会半途而废的人必将成功，这种人懂得要求自己多付出一点点，而且做得比别人预期的更多。”

大学毕业后张吉和杜明同时被招聘到某物流公司。张吉按部就班、认认真真地完成经理交办的每项工作，没出什么差错，他自己也比较满意。但杜明并没有自我满足，在工作中他主动学习运输行业的相关知识，很快提高了自己解决问题的能力。在对客户的分析中，他发现华北地区的货物运输常有滞期现象，经分析得知多是由修路原因造成的。于是，他通过电脑交通网络，对北京周边地区各交通干线的路况进行了一系列的调查摸底，并于每天列出一份动态的路况交通图送给经理参阅。就是这份动态的路况图，对公司的货物运输起了重要的疏导作用，不但缩短了有效运输时间，而且减少了因堵车、绕行而产生的运输费用，受到公司领导的重视和奖励。当然，三个月后，公司继续聘用的是主动工作，不断进步、能力不断提升的杜明。

其实，工作的意义不仅仅是为了获得一份薪水，更重要的是我们在工作的过程当中可以不断提高自己的专业知识，积累丰富的工作经验和为人处世的能力。这些都有益于我们整个人生和事业的成功，这些价值比我们所获得的薪水高出千万倍。当具备了这种意识，我们自然就会具有一种发自内心的力量和强大的动力，积极主动地做好工作中的每一件事。

相反，被动地接受工作是缺乏责任心和主动精神的表现。这种不负责任、消极工作的态度，往往是因为他们对工作的价值缺乏正确的认识使然。如果一个人在思想上总认为自己在为别人打工，就不可能做到积极主动和具有责任感，也永远得不到老板的赏识。

一个具有强烈责任感的人，是不会知道被动的滋味的。因为如果我们有了积极主动的工作态度，则不仅在做事过程中主动，对待事情的结果也希望能得到及时的评价。这样的人在做事的过程中，主动用了心思，期望这样做的事情能得到一个结果。因此，他们在做事时，不只是完成事情，还希望把事情做好，使结果尽可能完美。他们非常在乎别人对自己的评价，所以，当别人有什么意见与想法时，都会成为其今后改进的方向。

那么，如何拥有积极主动的工作态度呢？

1. 在上班时间工作热情要饱满，做到积极主动地完成自己的工作。不怨天尤人、牢骚满腹，而是踏踏实实做人，认认真真做事。定期将自己的工作进度及所完成的任务上报领导，使领导看到并肯定你的存在以及你对公司发展所做出的努力。

2. 主动向领导要求更多的工作与授权。这样，会让领导感受到你对自己的期望与不断进取的精神。与此同时，你可以借机会表现自己的管理能力，适时地向领导提出你在工作中产生的新看法、新观点，表现出乐于接受新任务和新挑战，勇于承担责任的信心和能力，让领导看出你是能独当一面的可造之材。

3. 开拓自己在公司内外的人际关系，热心参加公司活动。通过多参加公司活动，可以加深上级主管对你的印象，也可多与其他部门主管及人员交流。另外，通过公司内外的人际网络，不仅可以得到最新的信息，也能在换工作、升职位时获得较多的机会。

4. 向表现优异的同事看齐。仔细观察同事中谁表现优异，学习他们身上具有的你所不足的部分，加强自己的业务能力，不断提升自己的素质；规划好自己的职场人生，把握机遇。不要担心没有人赏识，也不要总是抱怨怀才不遇，你要相信“是金子总会发光”，是人才一定会得到重用，只要你一步一个脚印，积极进取，把每一件工作都做好，机会很可能就会降临到你的头上。

只有这样，我们才能拥有积极主动的工作态度，才不会被动地工作，也就不知道被动的滋味！

## 3. 耕耘自己的“责任田”，不让工作有半丝马虎

自人民公社化运动后，在中国农村并没有“责任田”的提法。当时的农村搞人民公社，农民在一个生产队里一起干活，干多干少一个样，大锅饭，人人都不用对生产负责，这严重挫伤了农民的生产积极性。

1978 年末，小岗村 18 户农民在大包干协议上按下了手印。说得通俗一点就是，每户人家种好自己的责任田，交足国家的和集体的，剩下就是农民自己的，这样一来极大提高了农民的积极性。1979 年秋天，小岗生产队获得大丰收，粮食总产 6 万多公斤，相当于 1955 年到 1970 年 15 年的粮食产量总和。

小岗村“包田到户”激发了农民种粮的积极性，而他们的创举正式拉开了改革开放的序幕，中国的发展从此掀开了新的一页。

因为划分了自己的责任地,激发了小岗村村民的劳动积极性。是的,只有认识到自己的责任,明确了自己的责任,耕耘好自己的"责任田",不让工作有半丝马虎,才能收获累累硕果。

可是,在企业中,还是有很多员工不能耕耘好自己的"责任田",对待工作马马虎虎。其实,我们应该意识到马虎的危害是非常严重的:不经意抛在地上未灭的烟蒂,可以让整幢楼化为灰烬;调度员看错两分钟,使两辆满载乘客的列车高速相撞,很多原本幸福的家庭妻离子散;医生的一时粗心,把手术钳留在病人体内,结果让病人备受痛苦,医生前途无"亮"……

1995年,九江为增加防洪抗洪能力,花巨资在原堤上增建了防护墙。可遗憾的是,无论是从各级领导,还是到施工单位、职工,人人都把这当作儿戏,在这次增建的堤身中竟然连钢筋都不曾放。

在1998年的特大洪灾中,曾被当地人夸口为"固若金汤"的干堤又怎么样呢?无丝毫抗洪作用。前国务院朱镕基总理当时就斥责这是"豆腐渣工程"。那次的损失是无法计算的,究其原因,在于施工者马马虎虎,不追求尽善尽美。

大兴安岭大火,是由于林业工人不经意抛在地上的烟蒂所引起,从而给国家和人民带来了无法计算的巨大损失。另外,甚至致人残废的事故也时常听到。这都是由于人们马虎轻率等种种恶习所造成的恶果。

在公司中,许多员工都不能认真地耕耘自己的"责任田",做事马虎轻率,只求差不多。从表面上看,或许他们非常努力,也很敬业,但结果总无法令人满意。

许多需要众多人手的企业经营者说:"最感头疼的便是员工无法或不愿意专心去做一件事。马虎轻率,漠不关心和三心二意的做事态度似乎已经变成习惯,除非威逼利诱,否则,这些人很难会一丝不苟地把事情做好。”

乌鲁木齐市粮食局的一家下属挂面厂曾花巨资从日本一家厂商引进一条挂面生产线，作为附带合同，随后又花18万元从日本购直1000卷重10吨的塑料包装袋。而塑料包装袋的袋面图案由挂面厂请人设计。当样品设计好后，经挂面厂与新疆维吾尔自治区经贸机械进出口公司的人员审查，交付日方印刷。几个月后当这批塑料袋漂洋过海运抵乌鲁木齐时，细心的人们发现有点不对劲，仔细一看，当时全傻了眼，原来每个塑料袋的袋面图案上的“乌”字全都多了一点，变成了“鸟”字，乌鲁木齐变成了“鸟鲁木齐”！后来经过多方调查，发现原来是挂面厂的设计人员一时马虎，把设计样本打印错了，而进出口公司的人员检查时也一时大意没有发现。也就是这一点之差使价值18万元的塑料袋变成了一堆废品，给公司带来了严重的损失，相关人都受到了严厉的处分。试想，如果设计人员细心一点，谨慎一点，进出口公司的审查人员再认真一点，多检查一次，又怎么会让这18万元付之东流呢？

有这样一句谚语：“我们可以躲开一头大象，却躲不开一只苍蝇。”

对于马虎的下属，有哪个上司敢提拔他呢？因为这种人一旦成为领导，其恶习也必定会传染给下属——在组织中，上行下效是非常快捷的。上司的马虎轻率一旦渗透到各下属的灵魂里，每个员工都放松对自己的要求，整个公司的发展必然受到影响。

在许多员工眼里，有些事情简直微不足道，但积少成多，积小成大，而且，那些不值一提的小事很可能影响我们在老板心目中的形象，影响我们的晋升。在纽约的一家纺织公司的墙上有这么一句格言：“在此一切都求尽善尽美。”

很显然，如果每名耕耘者都恪守这一警句，会有很多祸患可以避免。要想一切都追求尽善尽美，一方面要认真慎重地对待琐碎工作，另一方面要就是要持之以恒，坚持不懈。

当然，许多小事也确实易于被人疏忽，这就需要我们平时的努力。只有当我们在意识中对它们有充分的警戒心，就能够注意并克服掉马虎粗心的恶习。时刻对马虎保持高度的警惕心，并养成细心严谨的工作态度，时间长了就会形成细心严谨的工作作风进而形成良好的习惯，培养优秀素质，而“习惯常常决定一个人的成败”。有的员工可能会说：“我生性就是粗枝大叶，大大咧咧，马虎粗心是天性所致，我也不想这样，可是我很难做到细心谨慎，怎么办呀？”其实完全不必担心，世上没有十全十美的人，即使是那些功成名就的伟人，他们一开始也有这样那样的缺陷，有了缺陷不可怕，只要改掉就行，而且他们也都是这样做的，最终成就了一番事业。

所以，有时候不要认为自己不能改掉这种恶习，如果总是这样想，它就成了你坚持错误的借口。如果你不想也不去改掉这个恶习，你就当然无法成功，因为马虎是成功的致命杀手，它不但会让你失去未来的成功，甚至毁掉你已经取得的成就，而这个过程，马虎只要瞬间的过程，而你以前的成就却是辛辛苦苦奋斗了多少年的结果！因为马虎粗心，你就不可能在工作中做到精益求精，尽善尽美。尽管从客观来说你工作确实很努力，很敬业，但是你的工作成果却总是不能让人满意，总是与目标之间有一点点差距，而这个差距只要你再付出一点点精力和努力就能达到，而你却没有做到。长此以往，你的上司就会对你失望，对你不信任不放心，甚至怀有戒备之心。想想你在公司还有发展的前途吗？还有出头之日吗？更严重的是，你能否保住这个工作都是一个未知数。

因此，不管粗心是天性所致也好，是后天养成的恶习也罢，只要你是追求成功，拥有远大理想的人，只要你下定决心，相信自己，就一定能够克服这个坏毛病。

要想耕耘好自己的“责任田”，就别让工作有半丝马虎。还在犹豫什么呢，赶快行动吧！

## 4. 以百分之百的责任心，解决百分之一的问题

英国文艺复兴时期伟大的剧作家、诗人莎士比亚曾经这样说：“全世界是一个舞台，所有的男人和女人都是演员，他们有各自的进口和出口，一个人在一生中扮演许多角色”。因他人和社会的需要又给这些角色赋予了特定的身份和义务，需要对社会、他人承担责任。人的一辈子实际上就是活在责任当中，在尽责任的过程中走完人生旅程。

一个患者对于医生来说可能只是百分之一，但医生对于一个患者却是百分之百。所以一个有着强烈责任感的医生，在任何患者面前，都是非常细心对待，不管多么严重的病情，多么“山重水复疑无路”，都要以百分之百的责任心使其“柳暗花明又一村”。

一个敢于负责的员工，会以百分之百的责任心，来解决百分之一的问题。这就是说，无论他做任何工作，哪怕是微乎其微的工作，都会尽心、尽力、尽责，精益求精。

2006年的一天，天津某锅炉车间的修理工韩师傅在下午上班前的第一轮设备巡检时，突然觉得眼角余光中似乎有什么东西飘过。出于好奇，他抬头仔细看了一看。结果发现，在锅炉60米高的烟囱顶部偏下几米处，一根铁条正随风晃荡。

这个铁条怎么会在这里？

韩师傅心里正纳闷，猛然惊觉，这可能是装在烟囱上的避雷针下部分断开！眼下正值雨季，倘若避雷针坏了，那么60米高的烟囱很可能会遭遇雷击，那时，即使不直接危及锅炉安全，生产也会因为突然停炉而受到影响，企业也将会遭受巨大的经济损失！

想到这里，韩师傅立即转身，找到安保部的值班人员说明情况，进一步要求最好能进行详细地检查。

安保部的人员组织技术人员到现场查看后，果然证实了韩师傅的猜测。由于锅炉生产时间长，避雷器受到高温含硫烟气和雨水的侵蚀，已经严重腐蚀，失去了避雷的功效。

于是，车间的相应负责人立即启用三台锅炉保障企业生产，并聘请专业人员对损害的避雷器进行修复，这才避免了锅炉的安全隐患，为企业解除了危机。

事后，车间的负责人笑说："韩师傅一抬头，雷电抖三抖！"虽说是逗趣的话，但是，如果不是韩师傅以百分之百的责任心来解决这百分之一的问题，那么，这样一个小问题恐怕谁都不会去发现解决。那样，一场安全生产事故就会在不知不觉中发生，而整个企业也将会蒙受巨大的损失。

一个能用百分之百的责任心去解决百分之一的问题的人，其前程是无可估量的。天下大事必做于细。责任感，重如山，每个百分之百都是由百分之一组成，只有做好了每个百分之一才能做成百分之百。解决百分之一的问题必须负起百分之百的责任，否则就会造成全局的功亏一篑，失败也就在所难免了。

百分之一的差错就是百分之一百的问题，只有以高度的责任心，不论大事小事一样高度重视的精神，才能不因粗心大意出差错，才能把本职工作做好。

1965 年正月的一天深夜，天气很冷，采油三矿四队上零点班的女徒工黎邦友拎着闹钟从井场测完气回到值班房，手脚冻得麻木了。正当她搓着手想暖和暖和的时候，突然发现闹钟上少了一颗豆粒大的螺丝。"闹钟是量油、测气的工具，是采油工的武器，一个零配件也不能丢啊！"小黎想到这里，不顾寒冷，急忙推门出来，冒着严寒去找那颗小螺丝。

漆黑的夜里，黎邦友打着手电筒在井场上反复找了三遍，浑身冻得直打颤，也没有找到。她着急了：“难道真要把问题交给下一班吗？不，不能，我一定要找到。”

黎邦友第四次找螺丝时，外面风更大，井场上的冰雪结得更厚了。她半跪在测气管线旁，把手伸到管线下面，仔细地摸。后来她索性把管线下面的浮土都扒了出来，用手一点一点扒拉，用手电筒细细地照。天快亮了，手冻僵了，她终于找到了那颗豆粒大的螺丝。

黎邦友常常这样告诫自己：“要继承三矿四队的严细作风，接好革命的班，就得用百分之百的责任心来解决这百分之一的问题。”

大庆油田正是有了黎邦友这样的优秀员工，才能铸就工业战线上的“大庆精神”，才能在历经半个世纪的风风雨雨后依然昂首矗立，为国家的经济建设贡献着力量。

重视小事、关注小事，从小事中发现问题，从小事中体现责任，一直是每个优秀员工的工作准则。这个准则是我们做好事情、认真细致、尽职尽责精神的直观表现，也是我们所有工作的源头和中心。用百分之百的责任心解决百分之一的问题，你的工作就会做得令人满意。

在《北京青年周刊》2008 年第 26 期上，曾经刊登过何东先生的文章。在文章中他讲述了自己亲身经历的一件事情。下面就是他的叙述：

大约是十年前，有一位日本朋友送我一台索尼 M950 袖珍磁带录音机。我当时一看那小机器，目光都呆了，他们居然能把一台微型录音机制造得如此精美实用。可在三年前，它终于因为我的过度使用而损坏。由于我喜欢它，所以一直没舍得丢掉。

今年在北京，我看到一家“索尼中国保修部”，就进去打听，确实是索尼专门授权在北京建立的保修部。

服务员拿起录音机随意看了一眼，漫不经心地对我说：“这型机器早不生产了，没办法修。”

我不甘心地问：“我喜欢这机器，能帮忙想想办法吗？”

谁知，服务员调侃我道：“您喜欢的东西多了，我们都能帮您想办法吗？您要是实在舍不得扔，那就当古董继续压箱底。”

后来，一位朋友去日本，我拜托他把那小机器拿到东京的索尼维修部，看看还有没有修好的可能性。两个月之后，我的“小索尼”真的被带回来了。被重新修好的小机器，再一次让我目瞪口呆，完全像新的一样。

朋友特意告诉我，为了这台早已不生产的磁带录音机，日本东京的索尼服务部几乎找遍全日本的索尼服务店，才配上那录音机的损坏零件。此外，索尼修理人员还为尚未损坏的主机进行大小三十一处的保护性检修，大小主板换了两块，还对机器内外进行了清洗。不光如此，索尼服务部不但不收修理费，还专门给我附来一封信：“感谢您对索尼产品如此珍爱。”并要求我在修理单上签写是否满意的意见。

中国有句成语：“知微而见著，以小而见大。”从十年前使用那台“小索尼”直到现在，我从来就不抵制日本产品，因为这里面体现的是他们以百分之百的责任心来对待工作的精神。

作为员工，我们无论做任何工作，都应该有用百分之百的责任心去解决百分之一的问题的态度。

任何一个成功的人都是以百分之百的责任心的态度去做好遇到的每一件事的。做事是否用心，是否用百分之百的责任心的态度去做好，哪怕是一件很小的事情，都将直接影响整个事情的成败。

以百分之百的责任心解决百分之一的问题，就是要求我们在工作中，把自己当作是这份工作的“老板”。我们所做事情的好坏、质量的高低，没有别人会替我们承担责任，必然是我们自己来承担一切责任。这种习惯不仅促使我们成为一个优秀的员工，一个令人尊敬和喜欢的打工者，也会促使我们在无形中掌握了很多知识而可能成为自己开创一片天地的老板。

只有你以百分之百的责任心去解决百分之一的问题，别人才会肯定你，信任你。所以，以后做任何事，都要想想还有哪些地方可以改进，内容和形式都要考虑。还有就是在做事之前要做好充分的准备，不打无准备之战。

用百分之百负责任的态度把工作做好，就是对工作的恭敬。认真是一种态度，做好是目标、期望和行动，而每件事则要求我们必须具有一种尽职尽责的心态，一种积极进取的精神，一种锲而不舍、追求卓越的激情。

我们做的事可能是我们喜欢做的事，也有我们不喜欢但必须做的事，可能没有什么大事，更多的是一些平凡而琐碎的小事，但我们都要把它做好。成功就是用百分之百负责任的态度，把简单的事情做精致，把平凡的事情做完美。

以百分之百的责任心解决百分之一的问题。只有这样，我们才能把事情做完美，才能养成有责任心的好习惯，有好习惯就会有好结果。

## 5. 用强烈的责任感筑起安全的大堤

在生活中我们常常会提到“人命关天”这样的字眼，当然，只有在最危险最危急的时刻我们才会提到。

江泽民同志曾经强调：“隐患险于明火，防范胜于救灾，责任重于泰山。”确实，安全责任之重，重于泰山。这些年来，我国安全责任事故频频发生，给人民的生命财产带来巨大损失，确实值得我们深刻反思。

对企业来说，安全就是生命，安全就是效益，安全是一切工作的重中之重，唯有安全不出差错，我们的企业才会越做越大，越做越强。而能否筑起安全的大堤，关键在于责任感。一个缺乏责任感的员工，对企业而言就像是一颗定时炸弹，因为责任感的缺失会使一个人无法负起安全责任，甚至会酿成大祸。

2010 年 11 月 15 日 14 时，上海余姚路胶州路一栋高层公寓起火。截至 11 月 19 日 10 时 20 分，大火已导致 58 人遇难，另有 70 余人正在接受治疗。

这起事故是一起因违法违规生产建设行为所导致的特别重大责任事故，经过初步分析，起火大楼在装修作业施工中，有 2 名电焊工违规实施作业，在短时间内形成密集火灾。

这起事故还暴露出五个方面的问题：电焊工无特种作业人员资格证，严重违反操作规程，引发大火后逃离现场；装修工程违法违规，层层多次分包，导致安全责任不落实；施工作业现场管理混乱，安全措施不落实，存在明显的抢工期、抢进度、突击施工的行为；事故现场违规使用大量尼龙网、聚氨酯泡沫等易燃材料，导致大火迅速蔓延；有关部门安全监管不力，致使多次分包、多家作业和无证电焊工上岗，对停产后复工的项目安全管理不到位。

这样的安全事故还非常多。一次次事故，一个个鲜活的生命随风而逝。在这些触目惊心的数字背后，不知道隐藏了多少家庭痛苦的泪水。之所以会出现这些安全事故，造成各种社会和家庭悲剧，归根结底，就是因为对工作不负责任。可想而知，没有强烈的责任感，又怎能筑起安全的大堤？

一粒微不足道的小砂子或小纸屑掉进柴油机的主机油道里或曲轴油孔可能会造成碾瓦；一次行车路上使用手机，可能造成车毁人亡的重大交通事故；一个烟头能引发一场巨大火灾。一桩桩血的教训无不提醒着我们安全的重要性！但是在工作却常常有一些员工不负责任，抱着侥幸的心理，只想着走捷径。殊不知正是这“偶尔一次”、“不会这么倒霉”等想法，使多少生命褪色，多少家庭失去欢笑，多少财产受到损失……在工作中，如果有人抱着闯红灯一样的侥幸心理，又会潜伏着多少安全隐患？

张旺曾经是某矿山电工，1988 年 7 月 20 日的夜晚，对他来说永生难忘。那个夜晚他目睹了工友小王在拔除插头的瞬间触电死亡的惨剧。

那是 1988 年 7 月 20 日的下午 5 点多钟，供电车间运行工段长带领 10 名电工通过竖井进入总变电站室内电缆地沟安装照明线路。临近晚上 9 点，段长命令收工。六个人已经走了出去，段长说：“冲击钻的电源还没断呢，小王，把插头拔掉。”“好嘞！”小王答应着。他是个“乐天派”，正在热恋中，脸上成天充满幸福的欢笑，走到哪儿，小曲就哼到哪儿。

突然“啊——”的一声惨叫让人心惊胆战，大家扭头一看，两米远处的小王已经倒地。张旺立即意识到他触电了，赶紧上前拨开电缆，把电缆挂在旁边的支架上，另外两人立刻将小王抬到干燥的地方，进行人工呼吸，张旺则飞跑出去打电话通知医院和车间领导和厂领导。抢救工作一直持续到次日零点 30 分，最终也没能追回原本打算国庆节结婚的小王年轻的生命。

谁会相信电工会死于拔除一个插头这样的简单操作？这简直近乎“天方夜谭”。于是，不但上级部门来人调查，而且地方劳动部门和检察院也来人到现场调查。但是，得出的结论竟是这样的简单明了：小王脚穿塑料凉鞋，地面有接近一厘米深的水。他在电源插座上“拔除”插头时（临时电源，没有用接线板），不是用两只手分别拿插座和插头，而是分别用两手抓住插座端和插头端的电线，将“拔”变成了“扯”；结果左手抓的电线从插座中“脱缰而出”（插座和插头之间配合紧，而插座中电线连接螺钉没有压紧），裸露的电线端头凭借惯性，“直扑”左手中指。电流从中指进入人体，通过脚下的水形成电流回路……

事故发生之后，安全管理部门发了个文件，除强调下井必须穿劳动保护雨鞋外，还专门就施工现场拉接临时电源做出规定：插座必须固定在“接线板”上。而且强调，杜绝用“扯线”代替“拔除”。

“后来想想，好危险，好后怕啊！如果当时电线头掉进了地面的水里，水带电，我们哥儿几个再一慌张，盲目抢救，说不定四个人全报销！从那以后，我就非常注意自己的一招一式，认真对待每一项操作，哪怕是非常简单的操作，时时刻刻想着操作中可能会发生什么危险，怎么样去预防。所以，十多年过去了，我没有出过任何事故。”说到这里，张旺显得有些自豪。

安全是什么，安全是企业的生命，是家庭的幸福，是平安，更是一种珍爱生命的人生态度。春天走了会再来，花儿谢了会再开。然而，生命对我们却只有一次啊！我们不能拿血的代价去验证安全的严肃性和重要性。

某建设公司大楼，窗外单边悬挂着的吊篮随风轻微晃动。

一天，这家公司的工程师胡某独自进入吊篮。当吊篮单边倾斜时，没有系保险绳、没有戴安全帽、穿拖鞋的他猛然从吊篮坠下，最终抢救无效死亡。

事故发生后，当地的安全生产办公室和警方介入调查。在排除他杀可能之后，事故调查小组给出了分析，按吊篮安全操作规程，上篮者必须三人，必须穿保险绳、戴安全帽，严禁穿拖鞋。分析指出“从吊篮单边状况分析，他没按安全操作规程同时启动篮子两端的活动滑轮。启动一个滑轮后，吊篮突然单边倾斜，把他抛出坠楼”。

调查中还得知，胡某的工作能力很强，他生前对于抓安全生产很有办法，可是当日他竟然喝酒后上架，严重违规，这可能是造成事故的直接原因。

如果胡某当时系了保险绳、按安全操作规程操作，就不会坠楼；如果当时带了安全帽，他也可能头部着地时不会死亡。但是没有那么多如果，生命只有一次，仅仅因为对于安全责任的疏忽，胡某就葬送了自己。可见，责任感是多么的重要。没有强烈的责任感，那就只能任灾患的洪流一泻千里。

任何一个安全事故，必然有人为的因素在里边，即使是自然灾害，一个具有强烈责任感的员工会预防工作，把灾害降到最低点。

有人说安全工作只有满分与零分的差别，这是有一定道理的。我们即使已经做了九十九分的努力，就差那么一点而发生了事故，那么，就跟一分也没有做是一样的，是零分。重视安全，就不要怕麻烦，认真负起责任来，该走弯路的，就不能为省事而抄近道。

当然，“落实责任，筑起安全的大堤”不是一句挂在嘴边的口号，而是要真正落实到我们的思想和行动中，不能抱有任何的侥幸心理。那么如何遏制侥幸心理，用强烈的责任感筑起安全的大堤呢？

要克服侥幸心理，首先每个员工要认真学习安全生产知识，并把安全生产法规作为工作岗位上的行动指南和防范生产事故的法宝。同时，通过对典型案例的分析树立防范意识，认识事故危害，提高操作技能，实现“要我安全”和“我要安全”的意识转变。

其次，建立以反“三违”为重点的安全行为识别系统，规范作业行为。加大反违章力度，按少而精、实用和必要为原则完善班组安全规章制度，营造企业与班组良好的安全文化氛围，使员工成为有责任感、有技能、有安全意识，遵章守纪、按章作业的合格工人。

最后，要严格执行安全生产的各项规定，从每一个生产环节入手，不放过任何影响安全的隐患因素，做到细处着手抓安全。

总之，要保持对侥幸心理的警惕，严格遵守规章制度，对企业、对他人、对自己负责。只有这样，侥幸心理才会无法威胁我们的安全。

一句话，作为一名员工，勇敢地承担起自己的责任，不推诿、不扯皮，投入热情，投入真心，从细节做起，从小事做起，从现在做起，从自我做起，才能筑起安全的大堤。

## 6. 勤耕"责任田",才能收获"放心果"

要想成为一名成功的"庄稼汉",就要勤耕"责任田"。因为勤耕"责任田",才能收获"放心果",才能在与别人的竞争中率先脱颖而出。

如果缺乏责任,想偷懒、不"勤耕",认为"差不多"就可以了,那只能收获"恶果"。事实上,"差不多"就是"差很多"。马克思十分推崇并在经典著作中多处引用的"马蹄铁现象",说明了由于事物的内在联系,某些初始条件十分细微的变化,可能对事物的发展造成灾难性的后果,千军万马中丢了一块马蹄铁,有可能输掉一场战争。

勤耕"责任田",才能收获"放心果"。如果因为没有"勤耕"而导致最后收获的不是"放心果",那之前的心血和精力就等于白白浪费了,对自己和"农场主"都不会有任何好处。

"耕耘"的过程都是环环相扣的,在这些过程中,许多看似可有可无的环节,看起来似乎微不足道的小事,或者一个毫不起眼的变化,却往往决定着最后能否收获"放心果"。只有"勤耕",把责任落实到每一个环节、每一道工序,以保障每一个环节不出差错,每一道工序不出问题,才能收获最后的"放心果"。

老吴是个退伍军人,几年前经朋友介绍来到一家工厂做仓库保管员,虽然工作不繁重,无非就是按时关灯、关好门窗,注意防火防盗等,可老吴却非常负责,做得极其认真。他不仅每天做好来往工作人员的提货日志,将货物有条不紊地码放整齐,还从不间断地对仓库的各个角落进行打扫清理。

三年下来,仓库没有发生一起失火失盗案件,其他工作人员每次提货时也都能在最短的时间里找到所要的货物。在工厂建厂三十周年庆功会上，厂长按老员工的级别，亲自为老吴颁发了5000元奖金。好多老职工不理解：老吴才来厂里三年，凭什么能够拿到这个老员工的奖项？

厂长看出大家的不满，于是说道：“你们知道我这三年中检查过几次咱们厂的仓库吗？一次没有！这不是说我工作没做到位，其实我一直很了解咱们厂的仓库保管情况。作为一名普通的仓库保管员，老吴能够做到三年如一日地不出差错，而且积极配合其他部门人员的工作，对自己的岗位忠于职守。比起一些老员工来说，老吴真正做到了尽职尽责，我觉得这个奖励他当之无愧！”

每个人都希望在职场中获得最快的发展，然而为什么有的人工作了很多年还在原地踏步或进步不大，而有的人却在很短的时间内获得了一般人无法想象的发展机会，两者之间的区别到底在哪里？最根本的原因，就在于是否有责任心，工作是否到位。工作到位与不到位，相差一百倍。在职场中发展最快的人，往往都是最有责任心的人，工作成果最大的人。

在落实责任的时候很多人觉得差不多就行了，殊不知“差不多”就是“差很多”。人们常说的“差之毫厘，失之千里”、“千里之堤，溃于蚁穴”就是这个道理。马马虎虎，不负责任的结果就是漏洞百出。

纽约州一处正在修筑的地下铁路，突然发生临时钢管架体倒塌事故。在地下28米的一个施工的隧道内，由于堆放在钢架上的钢筋从高处向下滑落，砸在正在施工的工人身上，当场有两名工人死亡，另有三名工人受伤。现场惨不忍睹，到处散落着砸在工人身上的钢筋，以及遇害人的衣服和鞋子。

经调查取证，这不是一起塌方事件，而是由于操作人员和安全检查人员责任心低下，工作失职所造成的一起人为的责任事故。这起事故的发生并非偶然，其中藏匿着重大施工隐患。比如，在施工设计上，隧道空间本应达到2米，结果却只有50公分，造成地下作业困难，一旦钢架倒塌，就会形成“多米诺骨牌”现象，工人很难从地下逃生出来。在安全环节上也存在疏漏，巡察力度和检查力度不够，没有发现钢筋松动迹象，以致对事故隐患未能早发现、早处理。这都是些本不该发生的灾难，却由于工作人员的漫不经心，疏忽大意而酿成了悲剧。

不能勤耕“责任田”，可想而知，最后收获的只能是“恶果”。其实，在工作中，这种工作失职，责任心低下，敬业精神缺失的现象，不胜枚举。

在一个企业的内部，不同岗位的人拥有不同的岗位职责，每个人都不应该放松自己的敬业精神，这是做好一件事的根本，也是赢得老板赏识的前提。

1962年5月8日凌晨1时15分，大庆油田最早建成投产的中一注水站突然起火，熊熊大火疯狂肆掠，不到3小时全部厂房就被烧成一片灰烬。主管一线生产工作的宋振明认为：这场大火暴露出来的问题，主要是生产管理中的岗位责任制不明确。会战总指挥康世恩充分肯定了这一看法，并提出组织12个工作组到不同工种的单位蹲点，总结群众经验，建立岗位责任制。宋振明带队到北二注水站蹲点。他总结群众经验，制定出“交接班制”、“岗位责任制”、“维修保养制”以后，又加上其他单位总结的“岗位练兵制”、“安全生产制”、“经济核算制”，形成了完整的基层岗位责任制。

从1962年到1964年，宋振明不辞辛劳，紧紧依靠油田广大干部和工人，由点到面，从无到有，先后组织制定并全面推行了“基层生产责任制”、“基层干部岗位责任制”和“机关干部岗位责任制”，形成了具有大庆特色的以岗位责任制为基础的管理体系。岗位责任制的建立，使油田事事有人管、人人有专责，办事有标准、工作有检查，这种符合现代工业实际的科学管理制度，保证了生产的有序进行，推动了企业的稳定发展，并在实践中不断完善。

勤耕“责任田”听起来很神圣，也很有难度，但它是由工作中每一个简单的结果联合而成的。勤耕“责任田”，表达的是一种决不向任何不符合最高要求的做法妥协的决心。它要求人们努力工作，尽职尽责，把工作当作自己的事情来做，最终达到收获“放心果”的结果。

工作中，千万不要觉得事情简单，也不要因为事情简单而掉以轻心，要知道，很多责任事故都是因为不能勤耕“责任田”而引起的。日常生活中，我们购买电视机、电冰箱等商品时所用的挑剔心理，就是勤耕“责任田”的心理，也是“勤耕”的标准。那么，我们为什么不能用这种思想来指导我们的工作，检查我们的工作呢？只有勤耕“责任田”，才能清除新生的杂草，才能走出“差不多就行”、“马马虎虎”的思想和工作误区，最终收获“放心果”。

# 第八章

# 尽职尽责尽心尽力，把工作做到完美、放心

在工作中，不仅需要负责、用心和努力，更需要尽责、尽心和尽力。卓越的职场人士都必须尽责、尽心和尽力，三者相辅相成，才是尽职。尽责、尽心和尽力的员工都对完美有着一种永无止境的渴求，他们会竭尽全力把工作做到完美、放心。也只有怀抱着尽责、尽心和尽力的态度去工作的员工，他的职场之路才会越走越宽！

1.

## 责任决定态度，态度胜于能力

美国的格兰特纳曾经说过这样一句话："如果你有自己系鞋带的能力，你就有上天摘星的机会！"一个人的工作态度在很大的程度上能显示出他是否有担负更大责任的可能。而一个员工能力再强，如果他不愿意付出，就不能为企业创造价值。相反，一个具有高度责任感的员工则会为企业全身心地付出，即使能力稍逊一筹，也能够创造出最大的价值。事实证明，对于一名员工来讲，责任决定态度，态度胜于能力。

的确，战场上直接打击敌人的，是能力；商场上直接为公司创造效益的，也是能力。而责任，似乎没有起到直接打击敌人和创造效益的作用。可能正是因为这一点，导致人们重能力轻责任。

人力资源考官在招聘新员工时，关注的总是"你有什么能力"、"你能胜任什么工作"、"你有什么特长"之类关于能力方面的问题，很少关注"你能融入到我们公司的文化中吗"、"你认同我们公司的理念吗"、"你如何理解对公司的热爱"等关于责任的问题。

主管在分派任务时，也在无意识中犯着类似的错误。他们过分强调员工"能够做什么"，而忽视了员工"愿意做什么"。

这就是我们常常说的"用 B 级人才办 A 级事情"，"用 A 级人才却办不成 B 级事情"。一个人是不是人才固然很关键，但最关键的还在于这个人才是不是一个企业真正意义上负责任的员工。因为责任决定态度，态度胜于能力。

2004年2月15日9时许，吉林市中百商厦伟业电器行雇员于红新不慎将吸剩的烟头扔在仓库地上，并未在确认烟头是否被踩灭的情况下离开了仓库。烟头引燃仓库内的可燃物后，引发了火灾。

在此之前，吉林市公安局船营分局消防科曾就火灾隐患向中百商厦下达了《责令限期改正通知书》。但该商厦总经理刘文建、副总经理赵平、保卫科科长马春平对该《通知书》提出的有关改正要求未予全部落实。仓库着火后，火势蔓延至商厦楼内，造成重大人员伤亡及财产损失。

火灾发生当天，该商厦保卫科副科长陈忠、科员曹明君违反规章制度，在值班期间擅自离开消防监控室，延误了报警时机。随后，又未能及时有效地通知并组织人员疏散，致使商厦内的部分顾客及浴池和舞厅内的部分人员未能及时逃生。该商厦保卫科科员李爱民在工作中不能恪守职责，未能及时发现和排除商厦内应急灯失灵等安全隐患。

这场火灾最终造成了54人死亡、70人受伤，造成直接经济损失400余万

责任决定态度。我们生活在这个社会上，对工作有敬业的责任，对家庭有爱护的责任，对社会有贡献的责任，对国家有尽忠的责任……无论你是普通大众，还是为官一方，都应该履行自己应负的责任。从某种意义上讲，一个和谐有序的社会必然是一个有高度责任感的社会。这要求我们需要从自身工作做起，从身边事做起，尽己所能，勇于负责。

我们应该负起责任来，摆正态度，不要轻视自己的工作。如果仅用世俗的眼光来衡量工作，认为工作只不过是为了面包，那么你的工作便没有什么价值可言了。我们工作不只是为了满足生存的需要，更需要有高层次的需求，有更高层次的动力驱使。

能力体现个人学识，责任反映个人态度。一个人不管从事何种职业，决定他能否做到最好，取得最佳成绩的关键不在于其能力的大小，不在于

智商和学历的高低，而取决于他的工作态度。决定工作态度的则是工作的责任心。

俗话说得好："三分能力，七分责任。"责任决定态度，态度胜于能力。我们有些工作表面看来很平凡很一般，甚至微不足道还索然无味，但如果你深入其中，你就会认识其非同凡响的意义，小事情蕴涵大责任。

王先生是一位忠于职守的老技术工人，后来工厂因为发展的需要，从国外引进了五台工业用的大车，厂长便指派王先生负责技术维护。

可是还不到半年，这五台车突然出现故障，无论如何也发动不了，于是王先生就带领技术组到车上查找故障原因，同时迅速联系了生产该车的外国技术专家。

外国专家了解了有关情况，得出的结论是：故障是因为工厂工人操作不当所引起的，他们不负责维修。

王先生却坚持认为，工人完全是按照说明书进行规范操作的，没有不当之处。于是，他向外国专家提出了自己的看法，但是几个外国专家根本就不采纳王先生的意见。

工厂的领导左右为难：如果承认是工人操作不当引起的故障，那么厂家就不需要负责保障，五台车的维修费用要自己负责，算下来怎么也得两百多万元。可是如果不承认，由于自己的技术人员不精通这方面的技术，根本提不出有力的证据。

就在领导万般无奈决定承担这笔巨大的损失时，王先生却坚决不同意。他继续带领几个技术工人，在车上一待就是几天，不知疲倦地用各种检测工具从头开始，一点一点地检测各种数据。

终于，在第四天早上，王先生在一组数据中发现了问题所在，这组数据完全可以证明，这五台车在生产设计时就存在着严重的缺陷。

当王先生把这组数据放到外国专家面前时，刚才还趾高气扬的外国专家顿时哑口无言。最后，他们只得承认是自己设计时的疏忽才导致了五台车的故障，因此决定维修费用由生产厂家全部承担。

王先生的高度负责、恪尽职守使工厂避免了巨大的损失，领导也从此对他另眼相看，并提升他为工厂的技术总监。

从技术员到技术总监，这就是责任所产生的力量。所以说，在关键时刻，责任决定态度，态度胜于能力。

态度胜于能力。拘泥于个人利益的小圈子里，就永远跨不进成功的大圈子。

“责任重于泰山”，这是我们经常讲的一句话。每一个能够成功发展的优秀企业都非常强调责任的力量。可以说一个人的成功，与一个企业和公司的成功一样，都来自于他们追求卓越的精神和不断超越自身的努力。从某种意义上讲，责任，已经成为人的一种立足之本，成为企业求生存求发展的重要能力。一个人生活在这个社会上，即使是一个自由职业者，他也会和各种团队、组织和人员发生往来，在这个过程中，责任感是最基本的能力，如果你缺乏责任，组织不会聘用你，团队不会让你加盟，搭档不愿意与你共事，朋友不愿意与你往来，亲人不愿给你信任，你最终将被这个社会抛弃。在这个世界上，有才华的人太多，但是有才华又有责任的人却不多。只有责任和能力共有的人，才是企业和公司发展最需要的。

因此，当老板交给你一项极平凡的工作时，千万不要自怨自艾、牢骚满腹，你可试着从工作本身的高度去理解它、审视它和看待它。当你从它的平凡表象中，洞悉其中不平凡的本质后，你就会从消失怠惰的境况中解脱出来，不再有劳碌辛苦的感觉，厌恶的感觉也自然烟消云散。一旦你圆满完成这些“平凡低微”的工作，你自然就超越了其他同事，也就向成功更迈进了一步！

2.

# 责任激发热情,对工作尽职尽责

在《十八岁的天空》这部电视剧中,古老师的那份工作热情值得我们学习。每天上班前他都会往存钱罐里投一块钱,然后对自己说:“又是美好的一天”,然后开开心心地吹着口哨去上班。他的教学方式很不一样,很多老师及家长都不相信他会将学校最乱的班带好,而他坚持用自己的方式去教导学生,与学生相互学习,尽职尽责地帮助学生成长,结果把学校最混乱的班变成了最优秀的班。

如果你对上班族做一个调查,问问他们是否每天都充满热情来上班?相信很多人都会这样回答:“是的,我开始是充满热情来上班的,但是时间一长,我的热情就渐渐消失了。”

的确,人在充满热情的情况下,做事效率与没有热情的人是完全不同的。充满热情的人解决问题时,如果他有100%的能力,他能做到120%。卡耐基把热情称为“内心的神”,他说:“一个人成功的因素很多,处于这些因素为首的就是热情。没有它,不论你有什么能力,都发挥不出来。”

热情是自信的创造者,甚至是胜利和成功的必备工具。热情可以使一个失败的人变为成功的人,使悲观的人变为乐观的人,使懒惰的人变为勤奋的人。热情的力量真的很大,当这股力量被激发出来,并不断地用自己的信心补充能量时,它就会形成一股不可抗拒的力量,足以克服一切困难。没有热情,任何伟大的事业都不可能成功。热情可以使每个人都爱自己的事业,爱自己的工作,甚至爱一起工作的伙伴们。

古希腊哲学家苏格拉底说:“要使世界动,一定要自己先动。”在工作中,你只有永远保持热情主动的精神,才能不断地取得进步。

然而,热情需要激发,而责任就是激发热情的火种。一个人之所以对工作缺乏热情,归根结底还是对工作缺乏责任感。一旦责任感不强,甚至缺乏，他们就会认为工作结果的好坏与自己关系不大，也就不会全身心地投入到工作中，更谈不上热情了。而当一个人具有强烈的责任感时，他就会充满热情，尽职尽责地去工作。

王顺友是四川省凉山彝族自治州木里藏族自治县“马班邮路”的投递员。二十余年间，他一个人跋山涉水，风餐露宿，准时地把一封封信件、一本本杂志和一张张报纸准确无误地送到每个用户手中。这个外表矮小、干瘦，背微驼的“男子汉”以顽强的意志战胜了孤独寂寞和艰难险阻，每年投递报纸 8000 多份、杂志 700 多份、函件 1500 多份、包裹 600 多件，为大山深处各族群众架起了一座信息和知识的桥梁。

从海拔近 1000 米到近 5000 米，依次经过察尔瓦山、雅砻江河谷、座窝山、矮子沟、鸡毛店山、山王庙峰、刀子山等大大小小的山峰沟谷，穿过四片野兽出没的原始森林。必经之地察尔瓦山，气候异常恶劣，一年中有六个月冰雪覆盖，气温降到零下十几度。而一旦走到海拔 1000 多米的雅砻江河谷时，气温又高达四十多度，酷热难耐。从白碉乡到倮波乡，还要经过当地老百姓都谈之色变的“九十九道拐”。这里山路崎岖狭窄，抬头是悬崖峭壁，低头是波涛汹涌的雅砻江，稍有不慎，就会连人带马摔下悬崖掉进滔滔江水中。

在这条路上，没人能和王顺友比耐力，他顽强无比；没人能替他分担这近乎残酷的艰苦，他一肩挑、一人扛。当万家灯火、家人团聚的时候，王顺友往往是一个人蜷缩在山洞、牛棚、树林或露天雪地上，只有骡马与他相伴。冬天一身雪，夏天一身泥，饿了就啃几口糌粑面，渴了只能喝几口山泉水或吃几块冰。到了雨季，他几乎没穿过一件干衣服。

王顺友以苦为乐。他是苗族人，唱山歌是他从小到大的爱好。在大山深处，常常走上一两天都见不到一个人，孤单寂寞时，他就亮开嗓子纵情地高唱山歌：“月亮出来照山坡，照见山坡白石头。要学石头千年在，不学半路丢草鞋……”

为了能方便沿途群众，他宁愿绕路、贴钱、吃苦，在风雨中多走山路，却从未延误过一个班期。他还热心为农民传递科技信息、致富信息，购买优良种子，给群众捎去生产生活用品，受到人们的交口称赞。

王顺友先后荣获全国五一劳动奖章和全国劳动模范、四川省优秀共产党员、全国优秀共产党员等荣誉称号，当选为四川省第九次党代会代表。2005 年，王顺友应万国邮政联盟之邀，飞赴瑞士，为万国邮联行政理事会年会作关于中国邮政普遍服务的报告。万国邮政联盟是联合国管理国际邮政事务的政府间国际组织，自 1874 年成立以来，王顺友是受邀作主题报告的第一个普通邮递员！

王顺友之所以对工作充满热情，都是源自他那高度的责任心。他的责任，他的热情为中国十几万默默无闻辛苦工作的邮递员赢来了全国人民以至全世界的敬意。

热情是一种洋溢的情绪，是一种积极向上的态度，是对工作的热衷、执著和喜爱；热情是一种力量，使人有能力解决最艰深的问题；热情也是一种推动力，推动着人们不断前进。它具有一种带动力，洋溢于表，闪亮于言，展现于行，影响和带动周围更多的人热切地投身于工作之中。

一个对于工作责任心不强的人，就不会对工作充满热情，不管他如何努力，绝不会有卓越的表现。许多证据证明：大多数的失败，都是由于人们对工作的责任心不强，对工作缺乏热情，因而对工作叫苦连天造成的。只有具备高度的责任心，让责任激发热情，再去积极主动地工作，这样才会实现自己的人生价值。

郑州三全食品公司掌门人陈泽民，50 岁时，依然激情万丈，想创立一番事业。有一年冬天，他到哈尔滨出差，见当地人包饺子一次包很多，吃不完就放到户外冻着，于是他突发奇想：饺子能冻，汤圆也能冻，自己家做的汤圆冷冻起来拿到市场上卖，肯定会受欢迎。于是，他毅然辞去医院副院长的职务，决定去做汤圆。三个月后，从原料配方到制作工艺程序，从单个粒种到包装排列，从包装材料到包装设计，从营养、卫生到生产、搬运等，陈泽民拿出了整体的设计，做出了中国第一颗速冻汤圆，并先后申请了速冻汤圆生产发明专利和外形包装专利。

新产品有了，问题又出现了。如何让商家和客户接受呢？为了引导需求，每天一下班，50 多岁的陈泽民就蹬着三轮车开始推销产品。高度的责任心促使他拉着燃气灶和锅碗瓢盆，到市内的副食品商店，现场煮给人家品尝。之后，他又一个人开着一辆花 4000 元买来的二手面包车，拉着冰箱、锅碗瓢盆和燃气灶，到全国各地现煮现尝地跑推销。凭着高度的责任心和热情，陈泽民成功了。如今，小小的汤圆已经为陈泽民带来了数以亿计的财富，更为中国开创了上百亿元的速冻食品市场。

责任激发热情。一个成功的职场人士，首先是一个具有高度责任心的员工，其次才是一个充满热情的战士。对于这样的人，即使老板不在场，也不需要提醒和监督，就能够自觉、主动行动的做好工作；而那些“当一天和尚撞一天钟”的人，那些拖拖拉拉，“不求有功，但求无过”的人，注定只能原地踏步，甚至被老板解雇，被社会淘汰。

有人在报纸上刊登了一则招聘广告，上面有这样一句话：“工作很轻松，但要全心全意，尽职尽责。”全心全意，尽职尽责，正是敬业精神的基础。一个人无论从事何种职业，都应该全心全意，尽职尽责。一个没有责任感的人，必然是一个做任何事情都没有激情的人，而这些人的人生必然是没有意义的人生，是一种被浪费了的人生。

常听一些三四十多岁乃至五六十岁的人感叹说：“哎，我这一生一无所获，事业一无所成。”人生最大的遗憾与折磨，莫过于到了一定的年纪对自己说：“我的事业一无所成。”由于责任心不强、疏懒怠惰导致对任何事情都不感兴趣，不能尽职尽责地去做，最终的结果就是连自己也没法向自己交代。

也许我们许多人都抱怨过因缺少资源而失去前进的动力，但当你留心观察一下那些在职场中取得成功的人，你就会发现，其实你什么也不缺，唯一没有找到的就是责任和热情。而那些事业成功的人们正是因为胸中装满了责任与热情，不满足于工作表现，而不断拼搏一步步走向卓越。

所以，我们每一位员工都应该培养工作的热情，也许随着时间的推移，在面对某些问题时会觉得很乏味、厌烦。其实，这不是因为问题本身的原因，而是因为你丧失了热情。只要你重新树立起自己的责任心，就会充满热情地工作，从而最大限度地释放个人潜能，出色地解决各种问题。

## 3. 责任保证业绩，负起责任才能获得成功

现代社会，是一个竞争激烈的社会。所以对于很多企业来讲，为了不被淘汰，都在寻找各种方式和方法来提高工作的绩效。不过很多企业发现，无论是优秀的管理模式还是先进的管理经验，只要一应用到自己的公司就“不灵”了，工作绩效并没有明显的提高。这是为什么呢？事实上，无论是优秀的管理模式还是先进的管理经验，归根结底还需要人来做，如果不能从根本上改变人，所有的努力都将是无意义的，美好的愿望也只是愿望了，而不会转化为实际的效果。

因此，在现实工作中，出色的业绩不是能够用嘴说出来的，需要的是对工作负责任。凡是取得出色业绩的员工，没有一个不是认真履行自己的职责的。

著名管理学大师彼得·德鲁克说：“责任能够保证工作绩效。”对于员工来说，要保证业绩，必须增强自身的责任感；对于企业来说，提高团队绩效的最好方法就是增强员工的责任感。

在汶川特大地震发生后，长虹集团积极捐款、捐物，派遣志愿者，赶制抗震救灾物资等行为，处处体现着企业的社会责任感。

地震发生当晚，约二十名长虹民生物流公司的驾驶员，频频往返于北川—绵阳这条生命线，余震、山体滑坡、滚石和泥石流，都没能阻挡这条流动的生命线。这条生命线运送了数万灾民、志愿者、解放军战士以及救灾物资、设备等，给无数人送去生的希望。危机随时可能降临，他们却一往无前，与死神一次次擦肩而过。

有一天，长虹集团的一名员工胡庆东驾驶大货车，载着十名志愿者再次向北川进发。行进途中，车头突然被飞石击中，方向盘被砸坏，货车失控。危急时刻，胡庆东果断地紧急制动，他的膝盖被碎玻璃划出一条四厘米长的血口，鲜血汩汩流出，而车上十名志愿者安然无恙。还有一位长虹驾驶员，连续十七个小时，马不停蹄，三进北川，又饿又困，当安全抵达九州体育馆安置点时，这名司机连推开车门的力气都没有了。

“时间就是生命，责任就是使命。”大难当头，人民的生命正受到威胁。长虹员工们心中的责任感使他们变得不再畏惧困难，不再惧怕死亡。在长虹人看来，如果企业是一棵大树的话，社会就是这棵大树生长的土壤，没有社会各界的支持，就没有长虹的今天。因此，在社会需要帮助的时候，长虹有责任挺身而出，帮助受灾的人民群众。早一点赶到灾区，就可以多做一点事，灾民就可以少受一点损失与痛苦。

责任是创新，责任即效率，责任是成果，责任即生存，责任是企业的立命之本。

责任保证业绩，负起责任才能获得成功。一个不负责任，没有责任意识的员工，不但不会忧企业之忧，想企业之想，而且有可能给企业带来损失。如果你想得到更好的发展，就千万不要以为只要做好自己的本职工作就够了。你要始终记住你是企业中的一员，企业的兴衰成败与你息息相关，当你多奉献一份力量，多承担一份责任后，便为企业大厦添了一块砖，加了一块瓦。

韩国三星集团CEO李亨道曾经说过："钱很容易有，但是要有各方面的人才。因为战略是人制定的，也是人执行的。集中发展和多元化要看各个企业不同的现实，但是不管哪种情况，关键都是拥有各行各业的人才储备。"如果一个团队里的成员缺乏责任意识，就不会对可以促进团队发展的一些改变有足够的兴趣和热情，即使领导者认为努力就会有结果。所有计划不能得到根本的执行，自然不会收到很好的效果。

对于员工而言，责任意味着他在自己的工作范围之内要把该做的都做好，它是保证业绩的前提。只有负起责任，绩效才能提高，才能获得成功。

在公司里，很多人都觉得李敏的运气特别好。她的专业在这个行业并不占什么优势，长相也一般，能力也不是出类拔萃，但她进入公司后短短的两年时间里，在每一个部门都做得有声有色，每一次调动都令人刮目相看。关于她的成功，有各种各样的说法，但总体上大家觉得是好运气眷顾了她，给了她得天独厚的机会，否则她凭什么从人事部文员升到分公司经理，一路都是绿灯呢！

其实只有李敏自己知道，机会是怎么得来的。

刚进这家大公司的时候，专业优势不明显的她先被分到人事部，做一名并不起眼的人事文员。在人事部，能言善辩、八面玲珑的女孩子和深谙权术、势利平庸的同事层出不穷。她不惹是非，只是认真履行自己的职责。不过偶尔露露峥嵘，比如发现别人输错了数据，她悄悄修正了，并不大肆渲染；领导让她做什么，她竭尽所能，总是在第一时间做到，让人无可挑剔；别人扎堆抱怨工作百无聊赖、老板苛刻时，她在悄悄熟悉公司的部门、产品以及主要客户的情况。

营销部经理终于发现了她的才能，就打报告要求她去顶他们部门的一个空缺。

营销部令她的世界骤然开阔起来。同原先一样，她的特色就是默默努力。半年后，她的几份完整的调查分析报告，给公司创造了不小的业绩，也为自己赢得了赞誉。一年后，她已经是营销部公认的举足轻重的人物了。

荣升经理不久，老板请她喝茶，问她愿不愿意接受挑战，去情况并不乐观的北方公司，她二话没说就答应了。

李敏进入新公司后，选择了库存积压最厉害的第一销售处。在寒冷的冬天，她一个人借了一辆自行车，寻找代理商，了解产品滞销的原因。几个月后，第一销售处由以前的销售量最低做到了现在的销售额超过其他三个销售处的总额。

不知情的人，以为她这两年走红运，哪里知道她成功背后的艰辛。

李敏今天的成绩完全是因为对工作负责获得的，并不是人们所说那样——走红运了。试想一个对工作不负责任的人，机会怎么能够眷顾他呢？

责任与绩效之间的关系应该是正比例的关系。当一方面提高时，另一方面也随之提高；反之，当一方面下降时，另一方面也随之下降。所以，要提高工作绩效，首先要确保员工的责任感。“责任保证业绩”，著名管理大师德鲁克这么认为。很多企业管理者也都从这句话里悟出了提高业绩的根本所在。

你愿意承担的责任有多大，你的成绩就会有多高。一名优秀的员工从来不只是把本职工作做好就够了，他们在做好本职工作的同时，还会积极主动地寻找一些可以做的事，并主动承担一些其他的责任——这正是他们卓越的原因所在。

责任保证业绩。当我们在工作中凡事都能尽职尽责,追求完美时,我们就将会与“胜任”、“优秀”和“成功”同行。

## 4.

## 尽职尽责,把工作做到完美

一位作家曾经这样说过:“无论做什么事情,都应该尽心尽力,一丝不苟,因为究竟什么才是事关真正的大局,什么才是最重要的,这一点其实我们并不清楚。也许,在我们眼里微不足道的细节,实际上却可能生死攸关。”美国金融家斯蒂芬·吉拉德几乎是追求完美的化身。凡是他颁布的命令,都必须严格执行,不能有丝毫违背。他有一句广为人知的名言:“我们要的,不是做得很不错,而是做得没有任何一点儿错。”

人类最深切的渴望是成为一个重要人物的感觉,每个人内心深处都在追求、渴望成功和快乐,都在逃避、拒绝失败和创伤,没有人希望自己是人群中可有可无的小角色。谁都想通过自己的努力,成为才华横溢、受人景仰的人。每个人内心都有一颗不平凡的心在跳动。然而,要想受人敬仰并不是一件轻而易举的事,它要求你从追求完美开始。

尽善尽美虽然是我们每个人所追求的,但是能够做到确实不容易,这需要每个员工都要做到尽职尽责。有责任感的员工,总会想办法把工作做到完美。

在实际的工作当中,很多人都认为自己的工作已经做得很好了。但是,你真的已经发挥出了自己最大的潜能,而把工作做到完美了吗?其实,每一个人都拥有难以估量的巨大潜能,只有以尽职尽责的态度去工作,才能够把自身的潜能最大限度地发挥出来,进而把事情做得完美。

有一天，一位罗丹的崇拜者去拜访罗丹，罗丹热情地接待了他，并带他参观绘画工作室。

工作室很简朴，里面是大大小小的雕像。罗丹走到一座女神像前，对崇拜者说："这是我近期的作品。"

"非常完美！"崇拜者赞叹道。罗丹却毫无反应，只见他正皱着眉头，根本没有听到的样子。"肩部的线条粗了一些。"罗丹自言自语地说，一边说一边拿起刮刀和木刀片轻轻地修改起来，动作非常谨慎，好像他手下是一个有生命的神女，稍不慎就可能让她受伤似的。好一阵后，罗丹又歪着头审视，"还有这儿……这儿……"他一面自言自语，一面不停地修改，表情像一个孩子，一会儿舒心地笑，一会儿又眉头紧锁。时间一点一点过去了，崇拜者已经站得腰酸背痛了，可他没地方可坐，也不好意思坐下来。

两个多小时过去了，罗丹终于舒了最后一口气，满意地把杰作欣赏一番，然后盖上湿布，愉快地向门口走去。这时，他发现了他的崇拜者，先是一愣，然后猛地想起是自己带他进来的，立即显得很抱歉，一个劲地说"对不起"。

这件事对那位崇拜者触动很大，他只是站着，什么也没有做，尚且感到累得受不了，而罗丹站着工作了两个多小时，却丝毫没有倦意，虽然他的工作是那样辛苦。

拒绝平庸是一种观念，一种心态，也是一种作为。事实上，每个人都具备拒绝平庸的条件和资源，只要你愿意拒绝平庸并且愿意为此付出行动。

职场上就是这样，有些员工本来具有出色的能力，却因为不具备尽职尽责的工作精神，在工作中经常出现疏漏，结果使自己逐渐平庸下去。而另外一些人，刚开始在工作中表现得并不出色，他们也明白自己的情况，为了改变自身的境况，他们全身心、尽职尽责地投入到工作之中，想尽一切办法把工作做到完美。结果，在事业上取得了一定的成就。

在一家皮毛销售公司，老板派出去三个员工去做同一件事：去供货商那里调查一下皮毛的数量、价格和品质。

第一个员工出去了不到5分钟就回来了，他并没有亲自去调查，而是向下属打听了一下供货商的情况，就赶着回来做汇报。30分钟后，第二个员工回来汇报。他亲自到了供货商那里，并询问了皮毛的数量、价格和品质。第三个员工90分钟后才回来汇报，原来他不但亲自到供货商那里了解了皮毛的数量、价格和品质，而且还根据公司的采购需求，将供货商那里最有价值的商品，作了详细的记录，并且和供货商的销售经理取得了联系。在返回途中，他还去了另外两家供货商那里，了解皮毛的商业信息，将三家供货商的情况做了详细的比较，并制订出了最佳的购买方案。

第一个员工只是在敷衍了事，草率应付；而第二个充其量只能算是被动听命；真正尽职尽责地行事的只有第三个人。简单地想一想，如果你是老板你会雇用哪一个？你会赏识哪一个？如果要加薪、提升，作为老板你更愿意把机会留给谁？如果你想做一个成功的、值得老板信任的员工，你就必须尽量追求精确和完美。认认真真、兢兢业业地对待自己的工作，才是成功者的必备品质。

事实上，各行各业都需要全心全意、尽职尽责的员工。因为尽职尽责，才是培养敬业精神的土壤。如果在你的工作中，失去了职责和理想，你的生活就会变得毫无意义。所以，不管你从事什么样的工作，平凡的也好，令人羡慕的也好，都应该尽心尽责，以求得不断进步。即使你的环境困苦，如果还能够全身心地投入工作，最后你获得的不仅是经济上的宽裕，还会是人格上的自我完善。

可能你是一个表现很不错的员工，老板会信赖地指派你去办个小差事，你能保证把任务完成吗？是的，也许你可能会完成。但如果你前往办事的地方，是个有名的旅游胜地，你会不会忘了要尽职尽责呢？或者你谈判的地方，是个充满了诱惑的娱乐场所，你会不会放松你的责任心呢？

实际上，有很多的员工在接到一项新的任务时，都会有压力和厌烦感。有时候他们不能克制自己，那是因为他们会抵御不住外界的诱惑，不能把精力投入到工作中去。能否努力克制自己的私欲，才是尽职尽责的员工和平庸员工之间的巨大差别。职场人都应该牢记：即使天塌了下来，也要克制住自己。

尽职尽责还需要持之以恒。功亏一篑的事情，在这个世界上太多了。比如说，开水烧到99℃，你就想着差不多了，不用再烧了，很抱歉，那样你永远也喝不到真正的开水。在这种情况下，百分之九十九的努力也是等于零。

在职场中，无论我们做什么工作，都要沉下心来，尽职尽责地去做。一个人把时间花在什么地方，就会在那里看到成绩，只要你所付出的努力是持之以恒的。这是非常简单却又实在的道理。可是，许多员工还是会三天打鱼，两天晒网，这样永远也不会看见成就的。工作虽然累，但是如果你认真、尽心尽力地去做，就一定会把它做到完美。

如果你真的深刻领悟了，并能全力以赴地工作，就会消除工作中处处的辛苦这一秘诀，就会掌握获得成功的原理。即使你的职业是平庸的，如果你能处处抱着尽职尽责的态度去工作，也能获得个人的成功。如果你想做一个成功、值得上司信任的员工，你就必须尽量追求精确和完美。尽职尽责地对待自己的工作，把工作做到完美，这是成功者的必备品质。

要成为最优秀的职员，要想从平庸迈向完美，还必须把工作的磨炼视为一种锻炼。工作总有不称心的时候，没有丝毫困难就完成的工作几乎不存在。如果你视困难为磨难，你就会失去斗志，而如果你视其为一种锻炼的机会，你的心态就会平和下来，甚至可以从中找到无穷的乐趣。市场是无情的，只有最优秀的企业，才能够在市场上生存下来，也只有最优秀最完美的员工，才能在企业中生存下来。

## 5. 竭尽全力，让工作使人放心

在生活中，我们常常可以看到有的人在遇到困难时，只是叹气，问他的情况，也总是满面愁容地说："真没办法，我已经竭尽全力了！"这样，在他看来，真是山穷水尽，没有希望了。

事实上，好多事情的真相并非这样。你要问问自己：真是什么办法都想过了，真是一点解决的希望都没有了，真是用尽了全部的力量吗？有时换一个人，人家就想出了办法，又出现了"柳暗花明又一村"的情况。

同样，在我们的工作中，困难肯定是有的，但我们不要轻易地说已经毫无办法，已经竭尽了全力。我们应该是工作的乐观者，应该想想，能不能再想办法挖掘出潜力。问题再多，方法也总比问题多。不是力量全部都用尽了，而很可能是我们在某些方面还没有想到，还可能是陷于原有的思维定势之中，没有能解放出来的缘故。

做工作，只有真正地竭尽全力，才能使人放心。毫不保留，有多少力出多少力，正是全心全意的表现。这就要求我们不能满足于一般的工作表现，要做就做到最好，如此，我们才有可能达到完美，才可能成为公司中不可或缺的人才。

稻盛和夫是日本京都陶瓷公司的创始人，通过努力，他得到了松下公司一笔大的订单，但是松下公司的条件非常苛刻，他不仅要求产品质量好，而且还要求降低价格。京都陶瓷公司的很多人，对松下方面很失望。他们觉得已经想尽办法，成本无法再降低了。真要按松下的价格，就根本赚不到钱，不如干脆放弃。

这时，稻盛和夫却不这么看。他想对方虽然苛刻，但我方在挖潜上，还不是用尽了全部的力量，一定要想方设法再降低成本。于是他创立了一种“变形虫经营”的新管理模式，把全公司分成了若干个“变形虫”小组，把降低成本的责任落实到每一个基层员工的身上。就这样，人人都为降低成本献计出力。终于把成本再度降低，完成了生产任务，而且还获得了可观的利润。可见，在大家都认为再没办法的情况下，有的人还是能想出办法，挖掘潜力。

竭尽全力正是敬业精神的基础。一个人无论从事何种职业，都应如此，这不仅是工作的原则，也是人生的原则。

态度改变人生。每一个人，不管他的地位、现状如何，都应该拥有一颗追求完美和卓越的雄心。如果连这一点都做不到，那么想要有所成就是不可能的。

竭尽全力做好自己的工作，让别人无可挑剔，这是我们在职场如鱼得水、游刃有余的重要法宝。如果付出更多的时间和汗水，一定会收获丰硕和甜美的果实。

齐格勒说：“如果你能够尽到自己的本分，尽力完成自己应该做的事情，那么总有一天，你能够随心所欲地从事自己想要做的事情。”有很多人就站在完美的门口，却永远做不到完美。他们可以把很多事情做得很差，半途而废，却没法把某一件事情做得很好，有始有终。他们总是得不到他们想要得到的东西，因为他们无法达到所需要的水平。他们离完美就差那么一点点。有多少人几乎会两种语言，却哪门语言都既不能说又不能写；有多少人几乎懂两门学问，却无法完全理解其中某一门的全部知识；有多少人几乎会两门艺术，却没有一门艺术可以达到很高的水平或让他以此盈利。这正和世界上很多半途而废的工作一样，其实只需要再多一点坚持，多一点职业训练，多一点高水平的教育，就能够避免这些失败。

对于一个优秀的员工来说，不管他经手的是什么样的工作，都会竭尽全力把它做到使人放心，这应该是这类员工的人生信条。他会在工作上留下他工作过的印记，让他的名字成为最优质的工作的代名词。他会让人们相信，他做的工作都是最好的，这是所有的老板都在寻找的品质。这类员工明白对工作全力以赴的品质完全可以弥补先天的缺憾，它是比金钱更好的资本。

不论你的工作报酬是高是低，你都应该保持“竭尽全力，让工作使人放心”这种良好的工作作风。每个人都应该把自己看成是一名杰出的艺术家，而不是一个平庸的工匠，应该带着热情和信心去工作，在工作中享受由专注、创造所带来的深深的喜悦。

虽然人类永远不能做到完美无缺，但是在我们不断增强自己的力量，不断提升自己的时候，我们对自己要求的标准会越来越高，我们也会因此离完美越来越近。这是人类精神的永恒本性。

那些对奋斗目标用心不专、左右摇摆的人。对琐碎的工作总是寻找遁词，懈怠逃避，他们从不会竭尽全力把自己的工作做到使人放心，他们在工作中却常抱有这样一些想法：

· 速度要快，质量在其次，差不多就行了；

· 现在的工作只是跳板，不需要我认真对待；

· 我的工作能够得到他人的帮助就好了。

一个人一旦被这些想法控制后，不管他的工作条件多么好，交付他的工作多么简单，也很难全心全意投入工作，圆满地做好自己的工作。这种类型的员工，不会达到成功的顶峰，也不会得到任何老板的重用。

现代职场中，认真做好自己的工作的员工和凡事得过且过的员工之间最根本的区别在于，前者懂得为自己的行为结果负责，这种工作态度常能感化“铁石心肠”的老板。而后者却是对待工作马马虎虎，这样的员工，老板会随时将其辞退。

一个人如果没有职责和理想，生命就会变得没有意义。而没有意义的人生，是一种被浪费了的人生，等于白到世上走一遭，这是相当可惜的。所以，只有竭尽全力把工作做到最好，你的人生才会变得更有意义。马丁·路德·金有一篇题为《我有一个梦想》的演讲，那么，你的梦想呢？你这一生有什么样的梦想呢？不要把它遗忘，站起来，去为它奋斗。

常听有些人慨叹着说：“唉，我的一生一无所获，事业一无所成。”人生最大的遗憾与折磨，莫过于此。由于疏懒怠惰造成的巨大缺憾，连自己也没法向自己交代，而面对心底的真实，只得坦白承认生命白白地流逝，后悔明明有十分的力气，却只用了一分。

《圣经》上说：“无论你做什么，你都要竭尽全力！”它把自己一生的成就归功于“在一定时期不遗余力地做一件事”这一信条的实践。

其实，竭尽全力，让工作使人放心并不难。竭尽全力首先要把“认真”二字放在脑中，然后尽快了解自己的工作范围，熟悉公司的一切，对公司有个全局认识。其中包括公司的目标、使命、组织结构、销售方式、经营方针、工作作风……尽量使自己能像老板一样了解所在的公司。熟悉公司的一切是做好本职工作的基础，打好这个基础可以使本职工作干得更出色，甚至超出老板的期望。从另一方面讲，主动努力了解公司的一切，可表现出一个员工愿意接受公司的企业文化，愿意融入这个群体，而不是做一个匆匆过客。能够给老板留下这种印象，对于一个渴望成功的员工来说非常重要。仅仅了解企业文化还不够，优秀的员工还会像海绵一样，拼命吸收所在行业中的各种知识，在本职工作范围内，“全方面”地学习，持续不断地自我成长，专精于自己所从事的领域，并竭尽所能地了解专业领域的最新动向和知识。只有做到这些，才能迎接变革的需求，圆满地完成老板交付的工作。

优秀的员工永远不会过分讲述自己所做的工作，因为还有更多、更重要、更有价值的事情要做。一个员工的职业生涯和未来的成功，都会被他是否竭尽全力地投入工作的态度所影响。在工作中，优秀的员工必会一直保持一种全力以赴的拼劲，踏踏实实地做好每一天的工作，坚持做完手里的每一件工作，而且做得很出色。甚至有时候让自己背水一战，因为只有这样，才能不断提高自己的工作业绩，也只有这样，才能使老板刮目相看，最终使自己走向事业的顶峰！

# 附 录

## 你是一个有责任感的人吗

一个人无论从事何种职业、担任何种职务，都应该心中常存责任感。具备责任感的员工在工作中会表现出忠于职守、尽职尽责的精神，实践也证明，具备强烈的责任感是任何一个老板都非常看重的职业素养。你有责任感吗？试做下面这个测试，看看自己是不是一个有责任感的人。

1. 与人约会，你会准时赴约吗？

A. 是　　　B. 否

2. 你认为自己是个可靠的人吗？

A. 是　　　B. 否

3. 你会因未雨绸缪而储蓄吗？

A. 是　　　B. 否

4. 发现朋友犯了法，你会告诉警察吗？

A. 是　　　B. 否

5. 出外游玩，找不到垃圾桶时，你会把垃圾带回家吗？

A. 是　　　B. 否

6. 你经常运动以保持身体健康吗？

A. 是　　　B. 否

7. 你会提醒自己少吃或是不吃垃圾食物吗？

A. 是　　　B. 否

8. 你是不是习惯把正事放在优先位置，之后才做其他休闲活动？

A. 是　　　B. 否

9. 你从来没有放弃过任何选举权利吗？

A. 是　　　　B. 否

10. 收到别人的来信，你是否会在一两天内就回信？

A. 是　　　　B. 否

11. "既然决定做一件事情，就要把它做好"，你相信这句话吗？

A. 是　　　　B. 否

12. 与人相约，你从来不会耽误，即便临时有事也不例外吗？

A. 是　　　　B. 否

13. 小时候，你经常帮忙做家务吗？

A. 是　　　　B. 否

**评分标准：**

根据自身情况选择符合你的答案，选择"是"计 1 分，选择"否"计 0 分，然后将各题所得分数相加。

测试结果：

1. 总分在 10～13 分之间：说明你是个非常有责任感的人，你总是给人行事谨慎、懂礼貌、为人可靠、诚实待人的印象。

2. 总分在 3～9 分之间：多数情况下，你是一个很有责任感的人，只是有时会有些率性而为，没有把事情考虑周到就仓促行事。

3. 总分在 2 分以下：说明你是个不负责任的人，身边的亲朋可能会对你有成见，力劝他人少与你来往；在工作中，你总是尽可能找借口逃避责任，以致你的每份工作都不能持续长久，而且你还是个彻头彻尾的"月光族"。